深埋藏滩相白云岩储层形成机理

——以川中地区下寒武统龙王庙组为例

杨雪飞　王兴志　杨跃明　文龙　著

科学出版社

北京

内 容 简 介

本书利用钻井、测井、岩芯、分析化验等资料，对川中地区下寒武统龙王庙组开展详细的地层和沉积相研究，建立研究区沉积相模式及滩体演化模式；结合铸体薄片、压汞、CT扫描等研究手段将龙王庙组储层进行分类；通过岩相和地球化学分析，探讨了白云岩化作用对储层孔隙形成的影响；结合区域构造演化史，通过地震、测井、岩芯、地化分析等研究手段对龙王庙组表生期岩溶作用的发育证据、特征、形成机理以及对储层孔洞形成的影响进行了探讨，并建立研究区顺层岩溶模式；结合上述研究，最终探讨控制龙王庙组储层发育的各种因素，总结储层形成机理并建立了储层成因演化模式。

本书适用于各大油田从事油气田勘探的工程师、各科研院所进行油气储层研究的工作人员，以及大专院校石油地质学专业的师生参考使用。

图书在版编目(CIP)数据

深埋藏滩相白云岩储层形成机理：以川中地区下寒武统龙王庙组为例/杨雪飞等著. — 北京：科学出版社，2016.5
ISBN 978-7-03-048306-5

Ⅰ.①深… Ⅱ.①杨… Ⅲ.①四川盆地–油气勘探–白云岩–成岩作用–成藏模式 Ⅳ.①P618.130.2

中国版本图书馆 CIP 数据核字（2016）第 104914 号

责任编辑：杨 岭 罗 莉／责任校对：陈 杰 邓丽娜
责任印制：余少力／封面设计：墨创文化

科 学 出 版 社出版

北京东黄城根北街16号
邮政编码：100717
http://www.sciencep.com

四川煤田地质制图印刷厂印刷
科学出版社发行 各地新华书店经销

＊

2016 年 6 月第 一 版 开本：787×1092 1/16
2016 年 6 月第一次印刷 印张：10 3/4
字数：243 千字
定价：119.00 元

前　　言

　　川中地区下寒武统龙王庙组是近年来我国海相碳酸盐岩油气勘探领域取得的最大突破，也是四川盆地下古生界新发现的一套重要的含气层。长期以来，国内对龙王庙组的研究相对薄弱，认识较浅，直到2012年川中磨溪区块龙王庙组取得突破后才引起油气勘探家的研究兴趣。然而，当前对龙王庙组的研究多集中在天然气成藏方面，关于龙王庙组储层的研究较少并且多停留在储层特征的静态描述上，缺少对其形成机理和动态演化的深入研究。

　　本书针对川中地区下寒武统龙王庙组白云岩储层的基本特征以及储层形成机理等问题，以岩相学、沉积学、储层地质学等学科理论为指导，在分析四川盆地下寒武统龙王庙组沉积背景和构造背景的基础上，利用钻井、测井、岩芯、分析化验等资料，对川中地区下寒武统龙王庙组开展详细的地层和沉积相研究，建立研究区龙王庙组沉积相模式及滩体演化模式；结合铸体薄片、压汞、CT扫描等研究手段对龙王庙组储层基本特征进行详细描述，并根据储集空间类型将龙王庙组储层进行分类；根据对储层孔隙产生的影响不同将龙王庙组成岩作用划分为建设性成岩作用和破坏性成岩作用，并建立成岩序列；通过岩相和地球化学分析，对龙王庙组白云岩基岩和充填物白云石分别进行成因分析，并探讨白云岩化作用对储层孔隙形成的影响；结合区域构造演化史，尤其是乐山—龙女寺古隆起的演化，通过地震、测井、岩芯、地化分析等研究手段对龙王庙组表生期岩溶作用的发育证据、特征、形成机理以及对储层孔洞形成的影响进行探讨，并建立研究区龙王庙组顺层岩溶模式。结合上述研究，本书最终探讨了控制龙王庙组储层发育的各种因素，总结了储层形成机理并建立了储层成因演化模式。通过研究取得了如下几点成果和新认识。

　　(1)川中地区龙王庙组顶底界线清晰，可划分为上、下两个亚段，分别对应两个完整的四级海侵—海退旋回。受控于早寒武世的古地理格局和古气候背景，研究区以发育蒸发—局限台地沉积为主，进一步可细分出潟湖、台内滩、碳酸盐潮坪和混积潮坪四个亚相及若干微相，其中以台内滩的滩核微相储集性能最优。龙王庙组沉积相展布受沉积期水下古隆起影响较大，台内滩常绕古隆起呈环带状分布，成为绕隆起边缘滩。

　　(2)龙王庙组储集岩类多为颗粒白云岩、粉—细晶白云岩，储集空间以粒间溶孔、晶间溶孔和溶洞为主，并发育孔隙型、花斑孔洞型、溶洞型以及裂缝(复合)型四类储层，其中以花斑孔洞型分布最为广泛。储层在演化过程中主要经历了压实压溶、胶结充填、重结晶、白云岩化及多期溶蚀等成岩作用的改造，最终形成了现今的储集面貌。

　　(3)岩相学和地球化学证据表明：研究区龙王庙组白云岩形成时间早，白云岩的成因与沉积期高频海平面变化引起的中等盐度海水向下淹没和回流有关，为中等盐度海水渗透回流白云岩化作用。龙王庙组白云岩分布广、厚度大，是储层形成的物质基础，通过研究白云岩化与孔隙成因的关系认为：开放体系下发生的等体积交代白云岩化虽未直接产生大量的孔隙，但形成的晶间隙改善了储层的渗流性能，为后期酸性流体的溶蚀改造提供了优质的通道基础。

（4）寒武系沉积后，加里东晚幕广西运动导致四川盆地整体发生抬升，川西地区龙王庙组地层直接暴露地表并遭受剥蚀，而川中大部分地区龙王庙组地层则被抬升至近地表环境。在长时间的表生岩溶过程中，大气淡水自研究区西边的岩溶古潜山（龙王庙组剥蚀窗）进入川中龙王庙组地层，受上下隔水层的阻隔影响，龙王庙组成为承压深潜流带，流体在压力作用下顺地层运移并对岩石进行溶蚀，产生了大量顺层分布的溶蚀孔洞。（承压）顺层岩溶作用是现今龙王庙组储层溶蚀孔洞形成的主要机制。

（5）多期溶蚀作用的叠加改造形成了现今溶蚀孔洞的形态。早期大气淡水淋滤作用产生的孔隙很难保存至今，但其存在为后期溶蚀流体提供了运移通道。有机质热演化过程中，干酪根释放的有机酸对岩石进行溶蚀并产生部分孔隙，但液态烃充注后，石油热裂解形成的沥青将堵塞孔隙，裂解过程中将进一步释放有机酸并对先期孔隙进行溶蚀扩大。有机酸埋藏溶蚀作用由于其发生在相对封闭的环境，溶解—沉淀最终将达到平衡，虽未直接产生新的孔隙增量，但优化和调整了先期孔洞。因而，有机酸埋藏溶蚀作用是龙王庙组溶蚀孔洞得以保存至今的主要机制。

（6）有利沉积相带为龙王庙组储层发育奠定了良好的物质基础，尤其是沉积期乐山—龙女寺水下古隆起控制了有利相带的展布，进而控制了储层的平面发育。成岩改造是储层形成的关键因素，其中白云岩化形成的厚层白云岩为后期溶蚀提供了良好的条件；表生期顺层岩溶作用则是储层次生孔洞主要形成机制；有机酸埋藏溶蚀则是对先前孔洞主要的保存机制。构造运动产生的断裂进一步提高了储层的储渗性能。结合对储层主控因素的研究，恢复了龙王庙组储层的动态演化过程，建立了储层成因模式。在此基础上，本书对龙王庙组储层有利发育区进行了分析，指出乐山—龙女寺古隆起通过"控相控溶"最终控制了现今龙王庙组优质储层的分布。

由于作者水平有限，错误和疏漏之处在所难免，敬请读者批评指正。

作　者
2016 年 2 月于成都

目　　录

第1章 引 言

1.1 研究意义

在全球的油气勘探中，海相碳酸盐岩占有极为重要的地位。据统计，全球约有60%的油气资源赋存在海相碳酸盐岩中，目前已在碳酸盐岩沉积盆地中发现了数百个大型油气田（表1-1）（Roehl et al.，1985）。在中国，特别是南方地区海相碳酸盐岩分布广，总面积超过 $450 \times 10^4 \text{km}^2$，其中分布有碳酸盐岩的陆域海相盆地有 28 个，面积约 $330 \times 10^4 \text{km}^2$，海域海相盆地有 22 个，面积约 $125 \times 10^4 \text{km}^2$（周玉琦等，2002）。我国新一轮的油气资源评价表明，陆上海相碳酸盐岩油气资源丰富，其中石油地质资源量可达 $340 \times 10^8 \text{t}$，天然气地质资源量可达 $24.3 \times 10^{12} \text{m}^3$（李静，2007）。近十年来，我国在四川、塔里木、鄂尔多斯等陆上海相碳酸盐岩油气勘探领域取得了重大进展，仅在 2006～2010 年期间就累计新增探明石油 $6.5 \times 10^8 \text{t}$、天然气 $6400 \times 10^8 \text{m}^3$，总体储量规模较大（赵文智等，2012）。但目前整体上探明储量还较低（金之均，2005），仍具有较大的勘探潜力。

表 1-1 世界大型碳酸盐岩油气田基本情况表（据 Roehl et al.，1985）

国家或地区	油田名称	发育层位	储集岩性	探明储量
美国德克萨斯	Puckett	下奥陶统	白云岩	55 亿桶
加拿大阿尔伯特	Rainbow	中泥盆统	灰岩、白云岩	79.3 亿桶
新墨西哥 NM	Morton	下二叠统	灰岩	1.82 亿桶
沙特阿拉伯	Qatif	上侏罗统	灰岩、白云岩	9 亿桶
委内瑞拉	La Paz	下白垩统	灰岩	100 亿桶
阿联酋	Fateh	中白垩统	灰岩	102 亿桶
墨西哥	Poza Rica	中白垩统	灰岩、白云岩	120 亿桶
巴西	Canpas	中白垩统	灰岩	63 亿桶
美国德克萨斯	Fairway	上白垩统	灰岩	23 亿桶
挪威	Ekofisk	上侏罗统	灰岩	120 亿桶
伊朗	GachSaran	渐新—中新统	灰岩、白云岩	90 亿桶
日本九州	Fukubezawa	中新统	白云岩	3.30 亿桶

四川盆地位于我国西南部，其海相碳酸盐岩分布广、发育层位多、厚度大、天然气资源丰富。自 1964 年在威远地区发现震旦系气藏以来，先后在四川盆地北部长兴组—飞仙关组的环开江—梁平海槽两侧发现了普光、龙岗、元坝等储量规模在 $1000 \times 10^8 \text{m}^3$ 以

上的大气田，在川中和川南的雷口坡组、嘉陵江组、震旦系灯影组等多套地层也均取得了油气勘探的突破。然而，随着四川盆地部分层位相继进入开采后期，已有探明储量不足，迫切需要寻找新的油气田和新的含油气层作为接替层位。四川盆地油气勘探也逐渐从浅层走向深层勘探，希望从深层碳酸盐岩中找到新的突破。

随着对四川盆地下组合地层油气勘探的不断深入，寒武系地层作为一套新的勘探层位，具有良好的油气勘探潜力。已有资料表明；盆地内下寒武统筇竹寺组烃源岩发育较好(戴鸿鸣等，1999；金之钧等，2006；李天生，1992；冉隆辉等，2006；肖开华等，2006)，远景资源量在下古生界占首位(黄籍中等，1996)；中—上寒武统碳酸盐岩分布广泛、厚度稳定，发育有良好的储集体(李伟等，2012)，在盆地内，资阳及威远地区上寒武统洗象池群已取得一定的油气显示(李凌等，2013)，但长期以来，下寒武统龙王庙组中的油气勘探一直未取得突破，相应的研究也基本处于空白。直至2012年，随着川中地区该层位的油气勘探取得重大突破，尤其是磨溪—高石梯地区陆续钻探的多口新井龙王庙组均取得日产天然气产量大于 $100 \times 10^4 \, \mathrm{m}^3$ 的试油结果，使之成为盆地内继长兴组、飞仙关组后又一重要含油气层位，展现出巨大的勘探潜力。2013年，上报国土资源部"川中地区安岳气田磨溪区块下寒武统龙王庙组气藏"探明储量 $4403.85 \times 10^8 \, \mathrm{m}^3$，这也是目前我国所发现的最大单体海相整装气藏，其发现标志着下寒武统龙王庙组成为了四川盆地一个全新的具有巨大经济价值的含气层。龙王庙组特大型天然气藏的问世不仅可以增加我国的能源供应，缓减经济快速发展对资源需求造成的迫切压力，同时，更激发起石油勘探学家们对龙王庙组浓厚的研究兴趣。

目前，对四川盆地下寒武统龙王庙组的研究主要集中在安岳气田磨溪区块，部分学者对龙王庙组气藏的储层特征进行了一定程度的研究，认为龙王庙组为滩相白云岩储层，储集岩性以砂屑白云岩和具有残余砂屑结构的晶粒白云岩为主，储层发育良好，具有较好的横向对比和连片性。现有研究多认为龙王庙组储层与大规模发育的颗粒滩关系密切，受乐山—龙女寺水下古隆起影响较大(周进高等，2014；姚根顺等，2013；杜金虎等，2014；赵义智等，2014)。然而，随着勘探及研究的深入，龙王庙组表现出较大的非均质性，不单单是沉积相控制储层的分布，而且是在滩相沉积体基础上叠加岩溶改造形成的孔洞型储层(周进高等，2015；杨雪飞等，2015；金民东等，2014)。

龙王庙组白云岩(主要是颗粒白云岩)是安岳气田储层形成的物质基础，但前人尚未对这套分布广、厚度大的白云岩成因进行过详细的研究，多数学者将其笼统地归为蒸发泵和渗透回流白云岩化，认为与超咸水蒸发环境有关(周进高等，2015；杨雪飞等，2015；金民东等，2014；田艳红等，2014；刘树根等，2014)。但龙王庙组白云岩中缺少大量的蒸发岩伴生，这与传统的蒸发、回流白云岩应该有所不同。该套白云岩地层的形成机制尚不明确，需进一步详细研究。

对川中地区下寒武统龙王庙组优质储层的特征及其形成机理的认识尚不十分清楚。尤其是现今在龙王庙组储层中发现大量顺层分布的拉长状溶蚀孔洞，这些孔洞是龙王庙组最主要的储集空间。目前仅有个别学者将其成因解释为加里东期风化壳岩溶的产物(周进高等，2015；金民东等，2014)。然而，在实际研究中，川中地区龙王庙组顶部未见不整合面，仅在盆地西边局部地区龙王庙组顶部遭受剥蚀，因此，仅受表生风化壳岩溶作用不足以形成川中地区龙王庙组储层中大量的溶蚀孔洞，其形成原因仍有待进一步明确。

因此，针对上述科学问题，本书将以川中地区下寒武统龙王庙组为研究对象，探讨龙王庙组发育的地层、沉积相特征以及龙王庙组优质储层的基本特征，并着重解决龙王庙组厚层白云岩形成机制以及其中大量溶蚀孔洞的成因问题。最终明确川中龙王庙组特大型天然气藏的储层形成机理，并建立优质储层成因演化模式。希望通过本书的研究，为川中地区安岳气田磨溪—高石梯以外的区块乃至整个四川盆地龙王庙组的油气勘探提供理论依据。

1.2 国内外研究现状

1.2.1 碳酸盐岩储层研究

随着我国碳酸盐岩油气勘探的深入，针对深层碳酸盐岩优质储层形成机理，马永生等(2010)提出"三元控储"理论，认为储层是经过沉积作用、成岩作用、构造作用综合叠加改造的结果，即有利的沉积相带、有利的成岩作用以及后期构造改造形成了优质的储层。2012 年，赵文智等总结中国海相碳酸盐岩储集层成因类型特征(表 1-2)，认为按照成因划分，碳酸盐岩储层主要包括三类：沉积型、成岩型以及改造型。这是对碳酸盐岩优质储层"三元控储"理论的实例补充和理论升华。

沉积型储集层是指主要受沉积作用和古地理环境共同控制的一类碳酸盐岩储集层。沉积型储层中最为主要的是碳酸盐岩台地上发育的礁/滩相储层(王恕一等，2010；Rousseau et al.，2005；Blomeier and Reijmei，2002；Husinec et al.，2006)，礁/滩储层处于台地上的高能相带，生物礁常常与生屑滩共生，形成礁/滩复合体(赵文智等，2012)。在广阔的碳酸盐台地上，生物礁和颗粒滩常可演化成优质的储集体(孙启良等，2008；郭泽清等，2005；Vinopal et al.，1978；Riding，2002；Jardine and Wilshart，1982)。就世界范围内来看，在礁/滩相储层中发现了许多特大型油气田(张兵，2010)，如墨西哥的黄金港油田、加拿大西部泥盆系油田、四川盆地普光气田、元坝气田等(马永生等，2005)。生物礁的生长除了生物因素以外，还与古纬度、古气候、水动力、水体条件以及陆源碎屑等的影响和大地构造、湖底地形的控制有关(郭泽清等，2005；马永生等，2006)。碳酸盐岩颗粒滩的发育与分布主要受到板块运动与基底断裂(孟祥化等，2003；邬光辉等，2005)、相对海平面变化(王兴志等，2002；李凌等，2008；蒋志斌等，2008；Bergman et al.，2010；文龙等，2012)、沉积微地貌(周彦等，2007；刘宏等，2009；谭秀成等，2009，2011；周进高等，2014)、洋流及潮汐变化(Bergman et al.，2010；Reeder et al.，2008)等多种地质因素影响。礁/滩相储层除了直接受控于生物礁和颗粒滩沉积时的特征及相带外，也与后期成岩改造有关(郭彤楼，2011；党录瑞等，2011；张建勇等，2013)。

此外，沉积型储层还包括一类沉积型白云岩储层，即在沉积期形成的白云岩。这类白云岩并不是指沉积的原生白云岩，而是在同生—准同生期由蒸发泵或渗透回流形成的

表 1-2　中国海相碳酸盐岩储集层成因类型与基本特征（据赵文智等，2012）

储集层类型			形成机理	基本特征	典型实例		
					塔里木盆地	鄂尔多斯盆地	四川盆地
沉积型礁/滩沉积层及沉积型白云岩储集层（沉积型）	礁、滩储集层	进积-加积型镶边台缘礁/滩	高能礁/滩沉积兼受早表生大气淡水淋滤+埋藏溶蚀作用综合影响	岩性以生屑灰岩、颗粒灰岩为主；储集空间为生物格架孔、粒间孔、粒间溶孔等	塔中1号带良里塔格组、鹰山组	西缘、南缘中上奥陶统	开江—梁平海槽两侧长兴组和飞仙关组
		缓积退积型台内礁/滩		岩性以台内生屑砂屑滩为主；储集空间以基质格架孔为主；少量格架孔	塔北—间房组、鹰山组		台内长兴组—飞仙关组
	白云岩储集层	蒸发潮坪白云岩	萨布哈白云岩早表生大气淡水溶蚀型	岩性以台坪早蒸发潮坪泥粉晶白云岩为主；储集空间以石膏结核溶孔+粒间孔为主；少量晶间孔	塔北、塔中下寒武统（和4井、牙哈10井等）	下奥陶统马家沟组五段	中下三叠统嘉陵江组和雷口坡组
		蒸发台地白云岩	渗透回流白云岩+早表生大气淡水溶蚀型	岩性以颗粒白云岩、藻礁白云岩为主；储集空间为铸模孔、粒间溶孔、藻礁格架孔等	塔北、塔中下寒武统（牙哈7x-1井、方1井等）	东部盐下和盐间马家沟组	中下三叠统嘉陵江组、雷口坡组和川东石炭系黄龙组
埋藏热液改造型白云岩储集层（成岩型）	埋藏白云岩储集层		交代作用+重结晶作用	岩性以细、中、粗晶白云岩为主；储集空间以晶间孔、晶间溶孔、溶洞等	塔北、塔中上寒武统及下奥陶统蓬莱坝组（东河12井，英买32井等）	上寒武统三山子组、中部马家沟组四段、南缘奥陶系	上震旦灯影组和寒武系、川北下三叠统栖霞组
	构造-热液白云岩储集层		热液白云石化作用+热液溶蚀作用	软状白云石、斑块状，受断裂控制；储集空间主要以残余溶蚀孔和晶洞孔为主	晚海西期断裂-热液活动区	晚海西期断裂-热液活动区	晚海西期断裂-热液活动区
后生溶蚀-溶洞型岩溶储集层（改造型）	层间岩溶		层间岩溶	发育于巨厚碳酸盐岩层系内的古隆起及其斜坡部位；储集空间以溶蚀孔、洞，缝和未半充填大型溶洞	巴楚—塔中中中下奥陶统鹰山组、蓬莱坝组	西缘中上奥陶统和靖边气田马家沟组	威远震旦系灯影组和川东石炭系黄龙组
	顺层岩溶		顺层岩溶	与潜山岩溶伴生，发育于古隆起周斜低部，循环深度可达几百至数千米；储集空间以深溶孔、洞，缝和未半充填大型溶洞为主	塔北南缘—鹰山组、间房组		
	潜山（风化壳）岩溶		喀斯特岩溶+垂向、埋藏溶蚀等岩溶作用	发育于古隆起核部，储集空间包括溶蚀缝洞、基质孔等、构造缝溶缝洞体系	轮南凸起和斜坡区的奥陶系灰岩潜山	西缘中上奥陶统、靖边及东部盐上下奥陶统马家沟组	龙岗地区三叠系雷口坡组

白云岩。往往形成于盐度较高、水体较浅的地带，岩性较纯。这类白云岩储层在我国塔里木盆地寒武系、鄂尔多斯盆地马家沟组以及四川盆地雷口坡组均有发现。

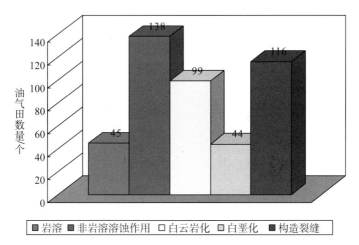

图 1-1　世界主要碳酸盐岩油气田成岩作用(据江怀友，2008)

成岩型储集层是指形成于埋藏成岩环境中的碳酸盐岩储集层(赵文智等，2012)，其中包括了两种最主要的类型：埋藏白云岩储层和热液白云岩储层。改造型储集层是指碳酸盐岩暴露地表后，受大气淡水改造而形成的较复杂碳酸盐岩储集层。这两大类储层均是在碳酸盐岩沉积体脱离沉积水体进入埋藏阶段，发生后期成岩改造形成的。由于碳酸盐岩成岩作用极为活跃，地层在沉积后便有各类成岩作用的参与，成岩作用与油气的生成、演化有着紧密的联系，因而与储层息息相关。据目前世界主要碳酸盐岩油气田成岩作用的分类统计(江怀友等，2008)(图 1-1)，除去非岩溶溶蚀作用外，最主要的成岩作用为白云岩化作用和岩溶作用。这两种类型的成岩作用是碳酸盐岩储层形成的关键，也是当今世界性的科学难题。

1.2.2　白云岩化作用研究

白云岩储层是一类重要的碳酸盐岩油气储层，就世界范围看，高达 50% 的碳酸盐岩储层是白云岩，北美碳酸盐岩中的油气有超过 80% 是分布在白云岩中(Zengler et al.，1980)，在苏联、欧洲西北部和南部、非洲南部和西部、中东及远东地区，也发现了大量的白云岩油气储层(Sun，1995)。在中国，特别是四川盆地，绝大多数天然气藏都分布在白云岩地层中，如震旦系灯影组、寒武系龙王庙组、石炭系黄龙组、二叠系长兴组和三叠系飞仙关组等。因此，针对这些分布广泛发育较好的白云岩储层，明确其白云岩成因对预测白云岩储层具有十分重要的理论与现实意义。然而，白云岩成因一直是地质学界研究的热点与难点，对它的研究已经持续了 200 多年，地质学家们建立了多种模式来解释不同水文、成岩、构造等背景下形成的白云岩(Purser et al.，1994；Land，1985)，提出了原生成因(Tucher，1982)、微生物白云岩化(Moore et al.，2004)、萨布哈(Warren，2000；HSÜ et al.，1969)、卤水渗透回流(Adams et al.，1960；McKenzie，1980)、混合水(Badiozamani，1980；Li et al.，2013、2015)、埋藏压实驱动(Illing，1959；Machel，1987)、构造挤压(Oliver，1986；Qing，1994)、热对流(Morrow，1988；Evans et al.，1989；Garven，1995)、热液白云岩化(Duggan et al.，2001；Davies et al.，2006)以及多种海水成因的白云岩化模式(表1-3)。

表1-3　不同环境模式的白云岩化，K_v垂直流，K_h水平流(据 Machel，2004)

白云化模式	Mg^{2+}的来源	Mg^{2+}的供给机制	水文模式	预测的白云岩分布样式
A 回流白云化	海水	风暴补给 蒸发泵 密度-驱动流		
B 混合带白云化	海水	潮汐泵		
C1 海水白云化	正常海水	斜坡对流 ($K_V > K_R$)		
C2 海水白云化	正常海水	斜坡对流 ($K_V > K_R$)		
D1 埋藏白云化 (局部尺度)	盆地页岩	压实驱动流		
D2 埋藏白云化 (区域尺度)	不同地下流体	构造驱动 地形驱动的流体	构造负荷　100km	
D3 埋藏白云化 (区域尺度)	不同地下流体	热-密度对流	100km	
D4 埋藏白云化 (局部和区域尺度)	不同地下流体	断层的构造 再激活(地震泵)		

其中以 Adams 等(1960)提出的超盐度渗透回流白云岩化模式最为经典，应用范围也极广，可以解释盆地级别的白云岩成因(Shields，1995；Potma，2001)，该白云岩化模式形成于覆盖或上倾于石灰岩构造之上的蒸发潟湖和局限盆地中，高盐度卤水向下渗流进入灰岩地层并使之白云岩化(Adams et al.，1960)。目前的研究认为，任何形成于向下渗透的蒸发卤水中的白云岩，包括那些形成于萨布哈环境的白云岩，都可被归为回流渗透白云岩成因。高盐度潟湖或盆地中海水的蒸发作用导致石膏的沉淀，使残留的蒸发卤水中 Mg/Ca 值升高，而且进一步的蒸发作用会导致盐岩的沉淀，并产生密度高达1.30g/mL 的卤水。这些高密度卤水在向下渗流时经下伏碳酸盐岩沉积物将其中密度较小的孔隙流体置换，并使石灰岩发生白云岩化(McKenzie，1980)。流体流动往往发生在具有高孔隙度和渗透率的粒屑灰岩中，而白云岩化作用可以进一步提高这种储层的质量，其上覆往往堆积了大套的蒸发岩作为盖层。回流渗透白云岩化作用可以形成不同规模的白云岩储层，包括形成在小型蒸发浅水盆地中的厚度不均一的白云岩储层，这些储层从局部陆棚到陆棚边缘带均有分布。如美国二叠盆地中部沿圣安德烈斯走向带发育的白云岩储层就是较大型的渗透回流白云岩成因(Ward et al.，1986)；沙特阿拉伯的盖提夫油田的 Arab-D 白云岩储层也与高盐度卤水渗透回流有关(Wilson，1985)。通常情况下，渗透回流白云岩形成于具有厚层蒸发岩的潮上带。

然而，这一模式不能应用于缺少大量蒸发岩伴生的大套白云岩中。Sun(1994)提出假说认为在地质历史中的温室期，在低纬度环潮汐带高频沉积旋回引起海水不同程度咸化，并在早期沉积物中发生淹没和回流作用，导致白云岩化，这种白云岩往往没有大量蒸发岩伴生出现(Sun，1994)。根据 Adams 等(1960)对蒸发海水浓度的划分，这种缺少大量蒸发岩的白云岩化作用可以称为中等盐度海水白云岩化，指盐度高于海水但低于石膏大量沉淀的微咸流体(一般在 72‰～199‰)受回流渗透的驱动，在准同生或成岩早期交代石灰岩形成白云岩(图 1-2)。这种中等盐度海水的回流渗透作用(Kirkland et al.，1981)通过实验室的数据模拟已得到证实(Lucia，1967；Simms，1984)，同时越来越多的证据及研究表明，缺乏大量蒸发盐伴生的浅海灰岩的大规模白云岩化可能与中等盐度海水的回流渗透作用有关(Sun，1994；Qing，1998，2001；Melim et al.，2002；Eren et al.，2007；Rameil，2008)。

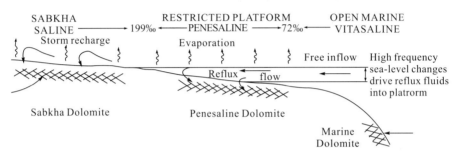

图 1-2　局限碳酸盐岩台地内受高频海平面变化引起的中等盐度海水白云岩化(据 Qing，1998)

Sabkha Dolomite：萨布哈白云岩；Penesaline Dolomite：中等盐度白云岩；Marine Dolomite：海水白云岩；Sabkha：萨布哈；Restricted platform：局限台地；Open Marine：开阔海；Storm recharge：风暴补给；Evaporation：蒸发作用；Saline：咸水；Penesaline：中等盐度；Vitasaline：生理盐度；Free inflow：自由海水流入；High frenquency sea-level changes drive reflux fluids into platform：高频海平面变化导致正常海水补给

1.2.3　碳酸盐岩岩溶作用研究

喀斯特(karst)一词产生于 100 多年前，当时是作为原南斯拉夫西部伊斯利亚半岛石灰岩高原的地理专用名词。"喀斯特"的原始定义是表示具有某种特殊地貌和水文条件的地理区域，具有地貌学上的意义。随着地质学研究的不断发展，20 世纪 70 年代以来，该名词已经演化为全世界所通用的地质学和地貌学专门术语。在 1966 年我国第二次"喀斯特"会议上，决定将"喀斯特"一词改称为"岩溶"，"喀斯特作用(karstifieation)"则改称为"岩溶作用"。1981 年，在山西召开的"北方岩溶学术讨论会"上，议定"岩溶"和"喀斯特"二者可通用。

随着地质学家对岩溶研究的深入，对"岩溶"一词的认识也逐渐发生改变：①Roehl(1967)认为，岩溶实际上是一种暴露于大气中经过成岩作用改造的特殊地貌，它具有一系列清晰外貌特征，通常可进行成因解释。②Walkden(1974)通过对英格兰比郡石炭系灰岩地表的研究，认为岩溶产物常被年轻的沉积物或沉积岩覆盖，这包括过去形成的残留古岩溶和被沉积物覆盖的埋藏。③Estban 和 Klappa(1983)将岩溶理解为一种成岩相，是碳酸盐岩体暴露于大气水成岩环境中留下的一种标记，在暴露过程中受到大气水对碳酸钙溶解和迁移的控制，可在多种构造背景和气候条件下发生，并形成特殊的具可辨识性的地貌景观。④任美锷(1983)认为岩溶作用是地表水和地下水对可溶性岩石的破坏和改造，包括机械过程(流水的侵蚀和沉积、重力崩塌和堆积等)和化学过程(溶蚀和沉淀)等。岩溶作用及其产生的地貌特征和水文现象等统称为岩溶，它既包括了岩溶作用本身也包括了它的产物。⑤王大纯(1986)认为岩溶是流体和可溶岩石之间相互作用的过程，并由此而产生的地表及地下所有地质现象的总和。⑥James 和 Choquette(1988)在《Paleokarst》一书中指出："岩溶包括了所有成岩形态，无论是地表的还是地下的、宏观的或者微观的，它们在化学溶蚀过程中发生并且改变了原有的碳酸盐岩层序。岩溶还包括了溶蚀孔洞的充填，这些充填可能会改变溶蚀空间，坍塌角砾岩和机械沉积沉积物可能充填于孔洞的底部或全部充填孔隙"。⑦袁道先(1993)在《中国岩溶学》中明确指出岩溶是指水对可溶性岩石的作用过程及其产物的总称。

由岩溶作用所形成的大量溶蚀缝洞可作为良好储集空间，对大型油气藏的形成具有重要意义(Fritz et al.，1993；贾振远等，1995；陈学时等，2004；范嘉松，2005；罗平等，2008)。因而，在20世纪60年代国外一些对碳酸盐岩地层学和沉积学感兴趣的地质学家就展开了对岩溶作用的研究(Roehl，1985)。目前在墨西哥、阿联酋、美国德克萨斯等多个地区已取得了可喜的研究成果(McMechan et al.，1998；Loucks et al.，1996，1999、Handford，1995；Hammes et al.，1996a、1996b)。我国在上世纪70年代开始对岩溶进行了大量的研究后，在鄂尔多斯盆地奥陶系、四川盆地震旦系以及塔里木盆地奥陶系等多个层位发现了数十个大中型油(气)田(王兴志等，1996；戴弹申等，2000；张抗，2001；金振奎等，2001；林忠民，2002；肖玉茹等，2003；Yang et al.，2014)。

岩溶储层是指成因与岩溶作用相关的储层。岩溶作用通常可以产生一定规模的溶蚀孔洞及溶缝，这些溶蚀空间往往可以作为岩溶储层主要的储集空间。长期以来对岩溶储层的研究认为，其发育多与地表的剥蚀和高低起伏的峰丘地貌有关，或受大型区域不整合的直接控制，岩溶产生的缝洞也多沿不整合面或岩溶地貌呈准层状分布，集中分布在不整合面之下0~50m的范围内，最大分布深度可以达到200~300m(Longman，1980；Kerans，1988；James，1988；郑兴平等，2009)。近几年塔里木盆地和鄂尔多斯盆地的勘探实践与研究表明：由碳酸盐岩岩溶作用产生的缝洞不仅限于潜山区，在岩溶内幕区同样也发育有岩溶缝洞，这些缝洞体系可作为重要的油气储集空间，如塔北南斜坡和塔中北斜坡碳酸盐岩内幕区岩溶储层，这就使传统意义上的岩溶储层概念面临挑战(赵文智等，2013)。事实上，不整合面类型、斜坡背景和断裂发育情况共同控制了岩溶作用类型、岩溶缝洞的发育程度和分布规律。根据这些主控因素可将我国海相碳酸盐岩岩溶储层划分为以下四个亚类(赵文智等，2013)(表1-4)。

潜山(风化壳)岩溶储层发育在潜山区，与长期的角度不整合面有关，地貌差异较大，峰丘地貌特征明显。层间岩溶和顺层岩溶储层多发育于内幕区，层间岩溶与碳酸盐岩地层内部层面之间与短期的平行不整合相关，准层状分布；顺层岩溶主要发生在潜山周缘的斜坡部位，常呈环带状分布，与不整合面无直接关系；受断裂控制的岩溶则主要发育在内幕区断裂较发育的地区，多与不整合面无关，其发育强度和分布直接受断裂密度和分布的控制。

表 1-4　中国海相含油气盆地岩溶储层类型及分布（据赵文智等，2013）

序号	岩溶储层亚类		定义	实例
1	潜山区 潜山（风化壳）岩溶储层	灰岩潜山岩溶储层	分布于碳酸盐岩潜山区，与中长期的角度不整合面有关，准层状分布，围岩为灰岩，峰丘地貌特征明显，潜山岩溶作用时间早于上覆地层晚于下伏地层的形成时间，上覆地层为碎屑岩层系	轮南低凸奥陶系鹰山组
		白云岩风化壳储层	分布于碳酸盐岩潜山区，与中长期的角度不整合面有关，准层状分布，围岩为白云岩，地貌平坦，峰丘特征不明显，潜山岩溶作用时间早于上覆地层晚于下伏地层的形成时间，上覆地层为碎屑岩层系	①靖边奥陶系马家沟组五段；②牙哈—英买力寒武系白云岩；③龙岗三叠系雷口坡组
2	层间岩溶储层		分布于碳酸盐岩内幕区，与碳酸盐岩层系内部中短期的平行（微角度）不整合面有关，准层状分布，垂向上可多套叠置，层间岩溶作用时间介于上覆地层和下伏地层形成时间之间	塔中北斜坡奥陶系鹰山组
3	内幕区 顺层岩溶储层		分布于碳酸盐岩潜山周缘具斜坡背景的内幕区，环潜山周缘呈环带状分布，与不整合面无关，顺层岩溶作用时间与上倾方向潜山区的潜山岩溶作用时间一致，岩溶强度向下倾方向逐渐减弱	塔北南斜坡奥陶系鹰山组
4	受断裂控制岩溶储层		分布于断裂发育区，尤其是背斜的核部，与不整合面及峰丘地貌无关，没有地层的剥蚀及缺失，受断裂控制导致缝洞发育跨度大，沿断裂呈栅状分布，断裂诱导岩溶作用时间发生于断裂形成之后	英买1−2井区奥陶系——间房组—鹰山组

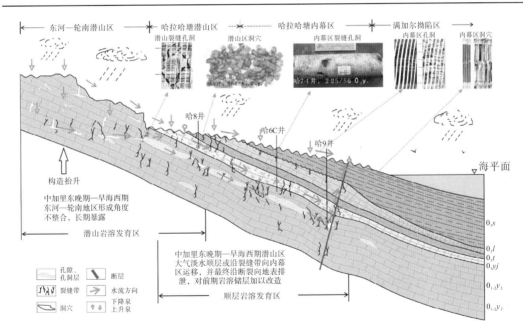

图1-3　塔北南缘奥陶系——间房组—鹰山组顺层岩溶作用模式及储层形成机理示意图

（据乔占峰等，2012）

众多研究表明：与潜山岩溶同期的顺层岩溶作用是潜山内幕区岩溶缝洞发育的关键（张宝民等，2009），一般需要古隆起及斜坡作为地质背景。如塔北南缘中奥陶统岩溶储层以及鄂尔多斯盆地北部和中部奥陶系岩溶储层（拜文华等，2002；乔占峰等，2012），前者是大气淡水从潜山顶部的补给区由北至南向泄水区流动的过程中，在周围围斜部位发生大面积顺层岩溶作用（图1-3）。在此过程中，渗透性良好的颗粒岩为流体提供通道并发生岩溶作用。平面上，顺层岩溶强度具有分带性，向斜坡下倾方向强度逐渐减弱。

目前，我国早期发现的岩溶古潜山油气藏基本已进入勘探晚期阶段，寻找新的大型岩溶潜山已愈发困难，而顺层岩溶为我国岩溶勘探提供了新的思路和领域，使勘探范围向隆起外围扩展了至少一倍以上。在塔里木盆地轮古东斜坡和塔北南斜坡都是顺层岩溶分布区，并且已获得千亿立方米的天然气储量规模。因此，顺层岩溶具有重要的理论研究意义和油气勘探价值。

1.3　主要研究内容和思路

1.3.1　研究内容

1. 地层及沉积相研究

运用露头、测井、钻井等资料，结合区域地质背景及前人成果，研究川中地区下寒武统龙王庙组地层基本特征；分析龙王庙组的岩石类型及特征；建立沉积相识别标志，划分沉积相类型；对研究区龙王庙组沉积相发育规律进行研究。

2. 储层特征及发育规律

在钻井岩芯及野外剖面宏观与微观研究的基础上，结合钻、测井及相关分析化验、测试等资料，对川中地区下寒武统龙王庙组储层的主要岩石类型、物性、储集空间类型、孔隙结构、储层类型及储层发育规律进行研究。

3. 储层成岩作用研究

通过岩芯、薄片观察，结合地球化学分析等多种手段，对龙王庙组储层经历的成岩作用进行研究，明确各种成岩作用对储层孔隙演化的影响，并建立区内龙王庙组储层成岩序列。

4. 龙王庙组白云岩成因

利用岩芯观察、薄片鉴定、阴极发光等分析方法，结合地球化学研究手段，重点对控制储层发育的厚度大、分布广泛的层状白云岩进行分析，包括白云岩的岩石学特征、沉积学特征以及地球化学特征等。在上述研究基础上，结合岩相古地理及龙王庙组沉积组合、结构构造特征及沉积旋回等，研究白云岩流体性质和白云岩成因机制，提出适合研究区的白云岩成因模式。

5. 龙王庙组岩溶作用

利用岩芯、薄片、地球化学、成像测井及地震资料对区内龙王庙组地层的岩溶特征进行刻画，寻找空间上溶蚀作用强度的非均质性。同时，结合前人对川中乐山—龙女寺古隆起发展演化特征的综合分析，根据研究区内二叠系底与龙王庙组顶部的残余厚度恢复岩溶古地貌，通过古地貌的特征判断岩溶水的流势，结合溶蚀孔洞的发育程度，分析岩溶作用机理及孔隙发育分布机制，明确岩溶作用强弱与储层发育程度的相关性，最后建立龙王庙组储层岩溶作用模式。

6. 储层主控因素及形成机理

结合上述研究探讨龙王庙组储层形成与演化的主要控制因素。在此基础上分析龙王庙组储层形成机理，并最终建立储层成因演化模式。

1.3.2 研究思路及技术路线

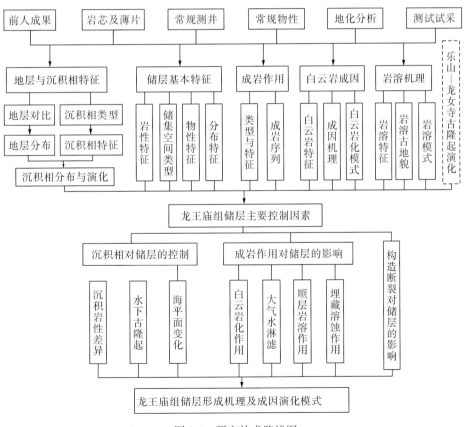

图 1-4 研究技术路线图

在熟悉、掌握区域地质背景及前人研究成果的基础上，根据研究区大量单井岩芯、常规测井、成像测井、地震、测试试采、化验分析等资料，研究龙王庙组地层、沉积相发育特征、储层特征及成岩类型。结合选送样品的分析实验结果，对龙王庙组白云岩成因机制及加里东期表生岩溶作用进行研究，建立适合于研究区的白云岩化模式及岩溶模式，最终明确龙王庙组储层形成的主要控制因素及优质储层的成因机理(图1-4)。

1.4 研究成果及亮点

1. 建立了龙王庙组中等盐度海水渗透回流白云岩化模式

通过对下寒武统龙王庙组白云岩的微量元素、碳氧同位素、包裹体测温的分析，结合白云岩的岩石学特征、沉积相特征以及平面分布特征，对龙王庙组白云岩的成因进行了探讨，认为区内分布广泛的白云岩可能与高频海平面变化引起的中等盐度海水淹没和回流有关。沉积期海平面的高频升降旋回造成区内海水成为一种高于正常海水盐度但低于石膏大量沉淀的中等盐度海水，由于盐度差异，中等盐度海水渗透回流过程中将导致先期沉积的石灰岩发生白云岩化。这一机理可以解释缺少大量蒸发岩伴生的分布广泛的白云岩成因，同时也是在四川盆地白云岩储层研究中首次提出中等盐度海水白云岩化理论，龙王庙组白云岩为该理论的发展提供了新的实例。

2. 建立了承压顺层岩溶作用模式

通过对川中地区下寒武统龙王庙组近地表岩溶作用及其形成的顺层拉长状溶蚀孔洞分析，结合目前我国在塔里木盆地及鄂尔多斯盆地岩溶的研究，提出四川盆地川中地区下寒武统龙王庙组在上下隔水层作用下形成承压深潜流岩溶带，并建立了承压顺层岩溶模式。川中地区龙王庙组顺层岩溶是目前四川盆地首次发现的承压顺层岩溶实例。这一发现扩展了四川盆地岩溶储层勘探的方向，即从潜山区逐渐走向内幕区。四川盆地下寒武统龙王庙组顺层岩溶的发现也进一步丰富了我国岩溶型储层的分类，并为我国顺层岩溶储层提供了良好的实例。

3. 指出了川中下寒武统龙王庙组有利储层发育的控制因素及形成机理

通过对研究区龙王庙组储层的储集空间发育特征及储层纵横向展布特征的研究，指出了影响龙王庙组白云岩储层发育的三大因素：一是沉积期乐山—龙女寺水下古隆起的发育及形态导致区内广泛发育了厚度较大的台内滩沉积，这些滩体为后期储层形成奠定了良好的物质基础；二是同沉积期高频海平面升降变化形成的中等盐度海水在向下渗透回流过程中使先期沉积的颗粒灰岩发生白云岩化，形成分布广泛的颗粒云岩，白云岩化作用是后期储层形成的关键；三是加里东期和海西期先后发生的构造抬升作用，造成研究区龙王庙组白云岩地层发生表生期(承压)顺层岩溶作用，形成了大量的溶蚀孔洞，这是现今龙王庙组储层溶蚀孔洞形成的直接动力。

第2章 区域地质概况

2.1 区域位置及范围

本书的研究范围位于四川盆地中部，北至射洪—渠县一线、南抵綦江、东到邻水—长寿一带、西至威远—资阳，面积约 $18 \times 14^4 km^2$（图 2-1）。研究区西部位于四川省内，包括南充、遂宁、威远、资阳、内江等市县，其地形以丘陵地貌为主，海拔 $300 \sim 700m$；气候为亚热带季风气候，湿润而四季分明。所在市县历史文化悠久，人口密度较大，农业发达，物产富饶，基础设施建设发展迅速，公路密布城乡，客货运输四通八达。研究区东部隶属于重庆市，包括合川、永川、大足、荣昌等市县，其地貌以丘陵、低山为主；气候温和，属亚热带季风性湿润气候，湿润多雾；流经区内河流众多，植被茂密，资源丰富。

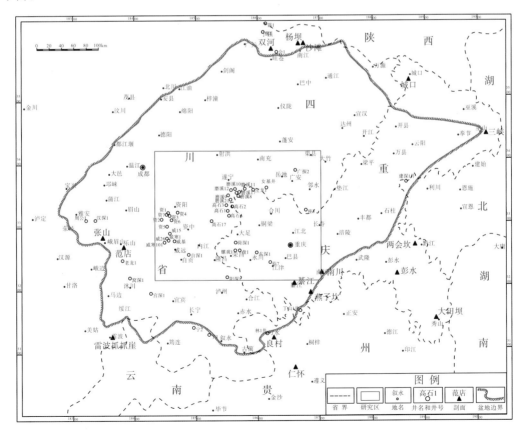

图 2-1 研究区地理位置图

2.2 区域构造特征

四川盆地位于四川省龙门山断褶带以东及重庆市境内，面积约 18×10^4 km^2，属于"扬子准地台"西北侧的一个次一级构造单位，是中新生代以后发展起来的大型构造和沉积盆地。盆地四周群山环绕呈菱形展布，北依米仓山隆起—大巴山断褶带、西靠龙门山断褶带、南接峨眉—瓦山块断带、东临川湘拗陷断褶带。根据盆地内部现今构造展布特点可将其分为川西北拗陷带、川中隆起带和川东南拗陷带三个大的构造区和川北古中拗陷低缓带、川西南古中斜低褶带、川南古拗中隆低陡穹形带、川西中新拗陷低陡带、川东古斜中隆高陡断褶带六个次一级构造分区(图 2-2)。

本书研究区主体位于四川盆地川中古隆中斜平缓构造带上，区内主要包括威远、荷包场、螺观山、高石梯、磨溪、龙女寺、安平店等多个次级潜伏构造。

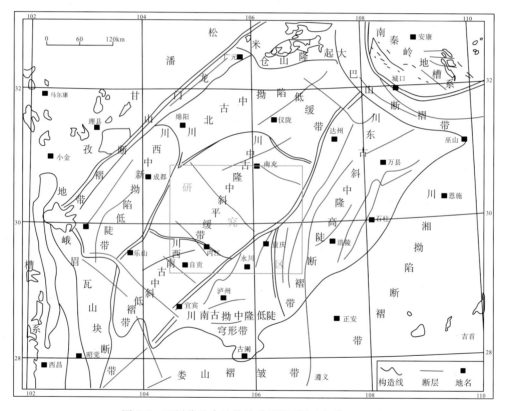

图 2-2 四川盆地大地构造分区图(据王宓君，1999)

2.2.1 区域构造旋回

四川盆地是中生代以来在上扬子准地台内，经历了多期和多向深断裂活动而形成的菱形构造——沉积盆地(郭正吾等，1996)。古生代时沿盆地周缘地区发生了明显的构造断裂活动，发育了各式各样的裂陷槽沉积区。至中生代时期，盆地周缘的深断裂转变为压剪性构造活动, 地壳发生收缩, 盆地整体为边缘下陷而内部上升的外压内张的构造演化特征, 因而盆地具有从张裂活动逐渐转化为压缩活动的成盆机制。四川盆地在地史上构造活动较频繁, 但自震旦纪以来, 总的趋势是以下陷接受沉积为主, 从基底开始主要经历了六次构造变革时期: 扬子旋回、加里东旋回、海西旋回、印支旋回、燕山旋回和喜马拉雅旋回, 不同时期的构造发展特征各不相同(郭正吾等, 1996)。但对于川中下寒武统龙王庙组沉积格局具有较大影响的主要是加里东旋回及其之前的扬子旋回。

1. 扬子旋回

扬子旋回发生在震旦纪以前, 主要包括晋宁运动和澄江运动, 以前者最为重要。晋宁运动是上扬子地区发生在震旦纪以前最强烈的一次构造运动, 它造成前震旦纪地槽褶皱回返, 由于变质和岩浆侵入作用使扬子准地台普遍固结成为统一基底。晋宁运动还使上扬子地区发育了安宁河、龙门山、城口等深大断裂, 这些断裂控制了上扬子准地台西部及北部边界, 成为后期发展小地台和地槽的分界线。澄江运动发生在早震旦世的中晚期, 代表性界面是大凉山一带列古六组和开建桥组之间的平行不整合。该期火山活动和岩浆侵入已延伸至盆地的西部和川中腹部, 从而使前震旦系基底岩石和构造更加复杂化。

2. 加里东旋回

加里东旋回是古生代早期第一个构造旋回, 它包括桐湾运动、早加里东运动及晚加里东运动。桐湾运动发生在震旦纪末期, 表现为大规模抬升, 使灯影组上部受到不同程度的剥蚀, 灯影组和寒武系之间为假整合接触; 早加里东运动发生在中、晚奥陶系之间, 在四川表现不明显; 晚加里东运动涉及范围广、影响大, 它使江南古陆东南面的华南槽谷区下古生界褶皱变形并全面回返, 在扬子准台地内则出现隐伏深断裂控制的大隆大拗以及断块活动区, 这一时期形成了乐山—龙女寺古隆起和黔中隆起。

乐山—龙女寺古隆起是加里东运动在地台内部形成的、影响范围最大的一个大型隆起, 自西而东从盆地西南向东北方向延伸, 该隆起和盆地中部硬性基底隆起带有相同的构造走向, 而且在平面位置上也与之大体符合, 具有延伸范围广、幅度大的特点, 组成该隆起核部最老地层为震旦系及寒武系, 外围拗陷区为志留系。

加里东运动在龙门山区表现也很明显, 加里东期龙门山断裂带东侧的彭灌断裂表现为强烈的上升运动, 形成天井山隆起带。四川地区在加里东时期除发育有大型的隆起和拗陷外, 不同组系的深断裂活动导致基底有低幅度的断块活动, 这对后期构造演化有很重要的影响。

3. 海西旋回

海西旋回包括柳江运动、云南运动和东吴运动。柳江运动发生在泥盆系末期, 在四川地区表现为上升运动; 云南运动发生在石炭系末期; 东吴运动发生于早、晚二叠系之间, 为地壳张裂活动派生的升降运动, 造成地层缺失和上下地层组之间呈假整合接触。经过加里东运动, 以四川、黔北为主体的上扬子古陆和康滇古陆连为一体, 持续抬升。盆地内除川东地区有中石炭统外, 广泛缺失泥盆、石炭系, 只是到了地台边缘的龙门山地区和康滇古陆东缘才有发育的泥盆、石炭系,这是由于北东向及北西向张剪性深断裂控制的断块的差异活动所影响的。东吴运动使上扬子准台地在经历了早二叠系海盆沉积以后再次上升为陆地,上下二叠系之间呈区域性假整合接触。在晚二叠系早期,东吴运动在上扬子地区还表现为地壳的张裂活动,并伴有大规模的玄武岩喷出,盆地西南部和康滇古陆可见到大规模的玄武岩,盆地内部沿龙泉山、华蓥山及川东部分高背斜带上也相继发现有玄武岩和辉绿岩体,说明当时断裂活动的规模较大。

4. 印支旋回

印支运动是指三叠纪以来到侏罗纪以前的构造运动。印支期地壳从张裂活动转变为压扭活动,结束了海相的地台沉积,变成菱形断陷的陆相沉积盆地,盆地开始收缩。印支旋回最早的构造运动对四川盆地的影响可能早在中三叠世初就已开始,反映在进入中三叠世以后海盆的沉积方向与早三叠世相比发生了很大改变。但表现特别明显的主要有两期,一期是发生在中三叠世末(早印支运动),另一期是发生在晚三叠世末(晚印支运动)。

早印支运动以抬升为主,早、中三叠世闭塞海结束,海水退出上扬子地台,从此大规模海侵基本结束,以四川盆地为主体的大型内陆湖盆开始出现,是区内由海相沉积转为内陆湖相沉积的重要转折时期。早印支运动还在盆地内出现了北东向的大型隆起和拗陷。以华蓥山为中心的隆起带上升幅度最大,在南段称泸州隆起,北段称开江隆起。泸州隆起从嘉陵江组沉积时就已有显示,早印支运动后抬升幅度增大,具有断隆的特点,在隆起核部,嘉陵江组中上部以上的层段全被剥掉。开江隆起的剥蚀幅度相对较小,保留有雷口坡组下部的地层。在华蓥山隆起带的东西两则是两个与之大体平行的大型拗陷,地层保留较新,多属雷口坡组上部。另外,在广元、江油附近的天井山隆起这时也有反映,在隆起部位比两侧雷口坡组的剥蚀幅度要大。

三叠纪末,晚印支运动幕来临。这次运动在西侧的甘孜—阿坝地槽区表现异常强烈,使三叠系及其下伏的古生代地层全面回返,褶皱变形,并伴有中酸性岩浆侵入,形成区域性地层变质。但在上扬子地台,除龙门山前缘受其波及,有较强的褶皱和断裂活动,并于川西北盆地边缘见有印支期构造存在,与上覆构造层呈角度不整合接触外,其他地区一般表现为地壳上升,使上三叠统遭受剥蚀,形成上下地层沉积间断。经历了晚印支运动后,地槽区升起成山。盆地西北一侧的古陆连成一体,从而使四川盆地的西部边界更加明确和固定下来。

5. 燕山旋回

燕山旋回包括侏罗纪至白垩纪的构造运动。在四川盆地主要是侏罗纪末的中燕山运动表现最为明显。这是上扬子地区陆相沉积发育的主要阶段。它有几个沉积中心,即四川、西昌、楚雄等地区。盆地周边开始向盆地内压缩、褶皱并抬升。各古陆块再次隆起。四川盆地内各时期沉积中心围绕乐山—龙女寺古隆起成环带状分布,并时有迁移现象。由于区域性抬升,造成侏罗系上部地层大幅度被剥蚀。盆地西北侧大幅度上升,导致沿龙门山前缘有巨厚的白垩系磨拉石建造的裙边状展布,说明此时龙门山区有较强烈的上升运动。

6. 喜马拉雅旋回

喜马拉雅旋回是四川盆地内最强烈的一期造山运动。有两次运动：一次发生在晚第三纪以前，上第三系大邑砾岩层呈角度不整合覆盖于下第三系名山群和芦山组之上；另一次发生在晚第三系以后，第四系不整合覆盖于第三系之上。而下第三系之与白垩系之间实为连续沉积。这两次强烈的构造运动，使盆地内自震旦系以来巨厚的海相和陆相地层均发育了强烈的断褶构造，构成了四川盆地现代的构造面貌和格局。初步查明，四川盆地油气的生成、运移与油气藏的形成，与此期的构造运动有很重要的关系。油气运移和聚集受超晚期深断裂活动派生的盖层内断褶构造发程度的控制。

燕山、喜马拉雅运动在盆地发展史上具有重要的作用，在这段时期，四川盆地在周边山系及内部基底等边界条件制约下，在来自东南和西北两方的对峙挤压力作用下，盖层全面褶皱，形成今日盆地构造全貌。

受盆地基底控制，四川盆地在地史上升降运动较频繁。在地史期构造变革过程中，沿不同方向形成的深大断裂的演化以及两大古隆起（乐山—龙女寺古隆起、泸州—开江古隆起）的形成和发展，使得整个四川盆地呈现隆拗相间，岩性、岩相区带分异的沉积格局，这对研究区沉积格局、构造形态及油气演化和富集影响深远。

2.2.2　乐山—龙女寺古隆起演化

研究区位于的川中古隆平缓褶皱带隶属于加里东期乐山—龙女寺古隆起（宋文海，1996），该古隆起从盆地西南向东北方向延伸，具有延伸范围广、幅度大的特点，其古隆起过程对研究区龙王庙组储层的形成演化及后期天然气成藏具有非常重要的意义。

乐山—龙女寺古隆起在震旦纪末可能就具有古隆起的雏形，最终形成于志留纪末，一直延续到二叠纪前的加里东运动。加里东运动使古隆起周边的二叠系以下地层均遭受了不同程度的剥蚀或缺失。位于四川盆地西南部的古隆起核部，其被剥蚀的地层最老可至震旦系灯影组顶部；由隆起核部向外围延伸，地层的剥蚀量逐渐减少，依次剥蚀到寒武系、奥陶系以及志留系，在川东地区中石炭统地层也未被剥蚀。从志留系残余厚度的分布情况来看，该隆起四周被古拗陷所限制，西北侧为龙门山拗陷，志留系厚 3100m 左右；北侧为秦岭拗陷，志留系地层残厚约 1200m；东南侧为川湘拗陷，志留系残厚 2370m；南侧为川南拗陷，志留系残厚 1300m，并与黔中隆起相对应（图 2-3）。因此，该古隆起的范围几乎涉及到整个四川盆地 $18×10^4 km^2$ 的范围。

根据志留系的残余厚度分布情况（图 2-4），将乐山—龙女寺古隆起划分为四个区带，即古隆起顶部（志留系缺失区）、上斜坡带（志留系残厚 0～500m）、下斜坡带（志留系残厚 500～1000m）和拗陷带（志留系残厚 >1000m）。

若以缺失志留系的乐山—龙女寺古隆起核部计算，由雅安、乐山、南充 3 个高点控制的古隆起潜山范围约为 $6.25×10^4 km^2$，其中缺失奥陶系地层的古隆起顶部范围约 $3×10^4 km^2$，志留系残厚 500m 以内控制的上斜坡带约 $1×10^4 km^2$。

2012 年，许海龙等人在对大川中地区地震资料进行构造解释的过程中，结合盆地野外露头和盆地内钻井资料分析，通过研究区域不整合面发育特征并计算地层的剥蚀量，大致恢复了乐山—龙女寺古隆起的构造演化过程，主要包括以下 4 个阶段。

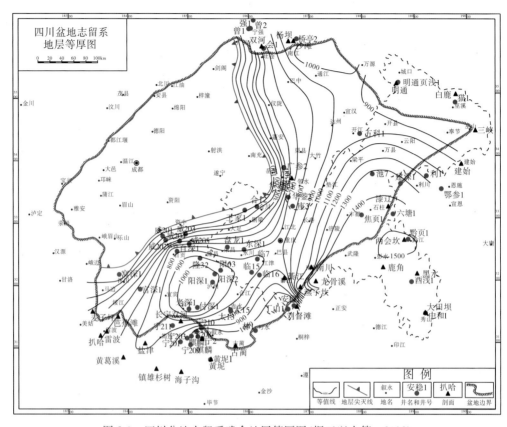

图 2-3　四川盆地志留系残余地层等厚图（据王兴志等，2012）

1）雏形期

吕梁运动—晋宁运动期间，四川盆地前震旦系基底基本形成。南华纪澄江运动使四川盆地基底发生相对隆升，澄江运动之后，四川盆地内部呈现出起伏不平的古地貌特征，并在威远—遂宁—大足一带形成了一个近北东向展布的椭圆形隆起，其上沉积了震旦系陡山沱组地层（图 2-4a）。川中地区陡山沱组厚度小，盆地周边厚度较大可达 200m，此时盆地中部与周边相比已具有明显隆起形态，但隆起幅度较小，呈现为盆地内部的大型平缓隆起。至震旦纪灯影期海侵范围扩大，此时盆地位于西高东低西浅东深的浅海环境，内部坡度极缓，沉积了以大套藻白云岩为主的碳酸盐岩。桐湾运动使四川盆地发生两次构造抬升，造成灯二段与灯四段遭受不同程度的暴露剥蚀（图 2-4b），并导致四川盆地及周边地区的灯影组与上覆下寒武统筇竹寺组呈不整合接触。

2）发育期

桐湾运动造成了区内震旦系灯影组大规模的风化剥蚀，形成了起伏不平的古岩溶地貌。在此基础上，海水自东南方向进入四川盆地，在古隆起西北侧堆积了一套以碎屑岩为主的滨岸相沉积，东南侧沉积了以细粒碎屑岩和碳酸盐岩为主的开阔陆棚或开阔台地相，同时古隆起的存在可能阻挡了盆地西侧的物源向东南方向运移。寒武系地层具有自隆起核部向周缘逐渐增厚的趋势，表明乐山—龙女寺古隆起在寒武系沉积时已属于一个同沉积古隆起。在奥陶纪末的加里东运动塔科尼幕，乐山—龙女寺古隆起发生显著变形，此时古隆起的两翼开始大幅度下沉(图 2-4c)，隆起核部相对隆升，最大幅度可达 800m 以上。隆起轴向呈近东西向延伸，两翼较为宽缓，形成了川西核部、资阳、遂宁、龙女寺等古构造高点。志留纪至二叠系沉积前，古隆起再次隆升，隆起核部的震旦系—下古生界地层被剥蚀夷平(图 2-4d)。古隆起整体遭受剥蚀，平均剥蚀量约为 960m，在隆起核部剥蚀厚度最大，川中地区剥蚀至下奥陶统，局部可至上寒武统，位于古隆起轴部的资阳志留系剥蚀殆尽，川西核部剥蚀至灯影组。

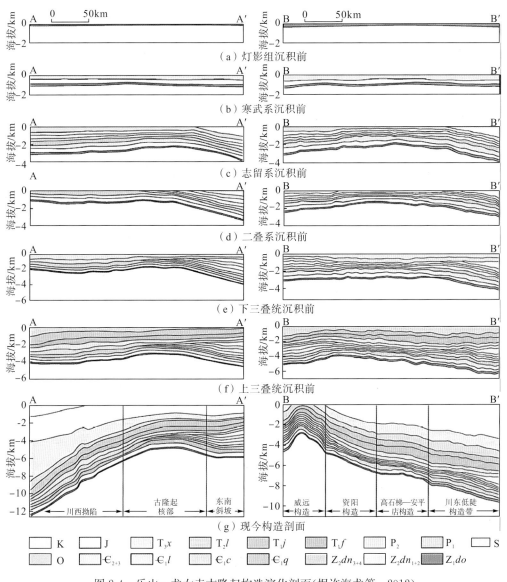

图 2-4　乐山—龙女寺古隆起构造演化剖面(据许海龙等，2012)

3）稳定埋藏期

晚古生代发生的东吴运动造成四川盆地二叠系上、下统之间形成短暂沉积间断面，并导致了区域性的火山喷发。盆地内二叠系沉积厚度变化不大，古隆起以整体抬升和沉降为主（图2-4e）。三叠纪早期，古隆起在二叠纪构造形态的基础上继续沉积了海相地层。发生在拉丁期和卡尼期之间的印支运动二幕使古隆起再次发生隆升，导致中三叠统地层遭受风化剥蚀。此时，四川盆地内部主要表现为东南部隆升、西北部下沉的特征，古隆起两翼发生不均衡的沉降，其构造轴线向东南方向小幅迁移（图2-4f）。在此期间，资阳古圈闭开始形成，遂宁古圈闭向东南扩张至安平店，龙女寺构造高点保持不变，威远西南部开始发生相对下降。

4）调整定型期（晚三叠纪—现今）

印支期四川盆地进入前陆盆地发育阶段，龙门山向盆地内部发生逆冲推覆并迫使乐山—龙女寺古隆起构造轴线再次向东南迁移。须家河组地层厚度由川中向西北方向明显增加，说明晚三叠世该古隆起为同沉积隆起。此时，威远构造逐渐由小型圈闭向大型穹窿转变，安平店构造表现出低幅度隆起特征。侏罗纪—白垩纪期间，古隆起形态基本上保持不变，仅在侏罗纪末期发生的燕山运动造成了白垩系与侏罗系地层之间的沉积间断。喜马拉雅运动第二幕和第三幕造成龙门山南段山前带发生强烈挤压变形，川中地区相对隆升，地震剖面上可见侏罗系与白垩系均遭到强烈挤压后发生的褶皱变形现象。白垩系地层大面积缺失，侏罗系上部地层遭到广泛的剥蚀，在此期间，古隆起的构造轴线继续向东南方向迁移，最终发展形成了现今盆地内的川中隆起带（图2-4g）。

2.3　勘探开发概况

2.3.1　勘探概况

自1966年在四川盆地威远构造上的威12井在中上寒武统洗象池群中测试获得 $2.28 \times 10^4 \, m^3/d$ 产气量至今已有40余年的历史，但由于寒武系的油气勘探一直未取得大的突破以至于长期处于兼探地位。因此，针对四川盆地寒武系地层的专层井较少，勘探程度低，地质资料相对比较缺乏，研究程度亦较低。

近40余年来，四川盆地的油气勘探基本上是遵循"加里东期古隆起有利于油气聚集"的观点来指导区域油气勘探的（宋文海，1996），尽管取得了一定成效，但针对寒武系地层的勘探收效甚微，仅在威远地区发现了寒武系洗象池群和龙王庙组两个小型气藏。2005年，中石油西南油气田分公司在威远构造钻探了寒武系的专层井——威寒1井，该井在洗象池群气藏和灯影组气藏之间首次发现了下寒武统龙王庙组气藏，该气藏为孔隙性白云岩气藏，测试天然气产量为 $11 \times 10^4 \, m^3/d$。洗象池群和龙王庙组气藏的重大发现引起了勘探界的重视，人们意识到寒武系具有丰富的天然气资源并寄希望于该套地层可以成为四川盆地天然气增储上产的新领域，缓解日益增强的资源需求压力，并在随后开展了相应的工作。围绕勘探程度较高的威远构造，分析龙王庙组孔隙储层发育状况，发现钻井过程中的龙王庙组普遍具有油气显示，而且储层物性好，测试的气、水产量均较高，表明储层孔隙较为发育。

冉隆辉等(2008)通过对四川盆地钻探经过以及钻达下寒武统龙王庙组的 16 口探井进行分析发现，井位偏离圈闭范围和试油工作的不彻底是导致龙王庙组长期以来未取得明显突破的主要原因。通过对相关探井的地下构造分析，发现川中盘龙场、阳高寺、座洞崖和东山等地的多口钻井均偏离了寒武系背斜圈闭，从而造成钻探失利。根据对区域上龙王庙组钻井所获得的岩性、岩石物性以及测井资料的统计分析，发现约有十余口钻井在龙王庙组中发育了溶孔白云岩、溶孔颗粒白云岩等孔隙性储层，这些储层具有单层厚度较厚、累计厚度大和纵向分布较为集中等特点。通过一系列分析，认为四川盆地龙王庙组地层应该是寒武系油气勘探的主要目的层位。

2.3.2　开发概况

据统计，截至 2008 年，威远构造有震旦系的钻井有 100 余口，寒武系专层井有 7口，钻达寒武系的有 114 口，仅威 106 井存有寒武系岩屑，威基井虽取过芯，但现今仅存岩芯记录(收获率 25%)。威远地区寒武系在钻探过程中有不同程度的显示，其中有 32口井在寒武系出现放空、井漏、井涌、气浸和气测异常等现象，更有威寒 47 井间隙生产累计采气 $84.7 \times 10^4 \mathrm{m}^3/\mathrm{d}$。威远构造上龙王庙组钻井有显示的共有 24 口井，其中：气测显示井 8 口，气侵井 6 口，气水侵井 5 口，井漏 5 口。具有油气显示的钻井基本覆盖了整个威远构造。储层物性分析结果表明：龙王庙组孔隙度相对较高，其中威寒 105 井全直径平均孔隙度为 5.32%；威寒 6 井孔隙度为 5.43%~9.45%；威寒 1 井岩屑孔隙度为2.64%~8.07%，平均 6.02%。6 口试油井的气、水产量除个别井较低外，其余井的产量均为高值，其中威寒 1 井产天然气 $11 \times 10^4 \mathrm{m}^3/\mathrm{d}$，产水 $192 \ \mathrm{m}^3/\mathrm{d}$；威寒 6、威 104、威26 井及威 2 井产水 25~87 m^3/d。以上油气显示资料表明威远构造上龙王庙组孔隙性储层发育好、分布广泛、含油气性较好。

表 2-1　四川盆地磨溪—高石梯地区龙王庙组钻井情况及油气测试成果表

井名	层位	井段/m	产气量/ $(\times 10^4 \mathrm{m}^3 \cdot \mathrm{d}^{-1})$	井名	层位	井段/m	产气量/ $(\times 10^4 \mathrm{m}^3 \cdot \mathrm{d}^{-1})$	产水量/ $(\times \mathrm{m}^3 \cdot \mathrm{d}^{-1})$
磨溪 8 井	龙王庙组	4646.5~4675.5	83.5	磨溪 201 井	龙王庙组	4547~4555	132.20	
		4697.5~4713	107.18			4575~4608.5		
磨溪 9 井	龙王庙组	4549.0~4563.5	154.29	磨溪 202 井	龙王庙组	4634.5~4685.5	30.32	
		4581.5~4607.5				4688.5~4692.5		
磨溪 10 井	龙王庙组	4646~4671	122.09	磨溪 203 井	龙王庙组	4700~4711.5		187
		4680~4697				4765.5~4782.5		

井名	层位	井段/m	产气量/ $(\times 10^4 m^3 \cdot d^{-1})$	井名	层位	井段/m	产气量/ $(\times 10^4 m^3 \cdot d^{-1})$	产水量/ $(\times m^3 \cdot d^{-1})$
磨溪 11 井	龙王庙组	4684～4712	108.04	磨溪 204 井	龙王庙组	4700～4710	115.62	72
		4723～4734	109.49			4655～4685		
磨溪 12 井	龙王庙组	4603.5～4637	116.77	磨溪 205 井	龙王庙组	4588.5～4593.5	116.87	
磨溪 16 井	龙王庙组	4743～4805	4.97			4597.5～4615.5		
磨溪 21 井	龙王庙组	4601～4611.5	7.27			4617～4632		
		4641.5～4655				4636～4654.5		

川中地区钻达寒武系的老井有龙女寺构造的女基井、宝龙 1 井，高石梯构造高科 1 井、安平店构造安平 1 井、合川构造合 12 井、磨西构造磨深 1 井等 7 口，其中在寒武系完钻的有女深 5、宝龙 1、磨深 1 等 3 口井，其他井钻穿寒武系地层。2012 年，在川中磨溪潜伏构造新钻井的磨溪 8 井成功试气 $107 \times 10^4 m^3/d$，接着陆续在其周边数口井中均取得良好的测试结果(表 2-1)，由此拉开了四川盆地寒武系油气勘探的高潮，并于 2013 年在川中磨溪—高石梯地区面积为 2330km² 的范围内上报天然气探明储量 $4403.85 \times 10^8 m^3$ (周进高等，2015)。

2.4 地层特征

2.4.1 区域地层概况

四川盆地寒武系属于华南地层区扬子地层分区。前人根据沉积地层特征的横向差异，结合区域构造分区和前人研究成果，进一步将其划分为川西地层小区、雷波地层小区、龙门山地层小区、南江—旺苍地层小区、川东—渝南地层小区及城口—巫溪地层小区(图 2-5)。

震旦系沉积后，上扬子地区受桐湾运动的影响发生抬升，地层遭受剥蚀，形成了高低起伏的古地貌。早寒武世初期，上扬子区发生了大规模的海侵，在高低起伏的古地貌背景下开始了梅树村阶(麦地坪组)和筇竹寺阶(筇竹寺组)的沉积，导致寒武系与下伏震旦系呈平行不整合接触。盆地北部的米仓山和大巴山地区，寒武系的郭家坝组、水井沱组与下伏的震旦系灯影组为平行不整合接触；盆地内部地腹、西南和东南部的广大地区，筇竹寺组和牛蹄塘组的碎屑岩与下伏的震旦系碳酸盐岩基本为沉积突变关系。

寒武系地层在四川盆地内发育较为齐全，埋深一般 2500～5000m，在拗陷区可达

9000m 以上，地层厚度为 0～1500m（图 2-6）。其底界与灯影组为假整合接触，顶界与奥陶系为假整合（西部）或整合（盆地中、东部）接触。根据钻井、岩芯及测井资料分析，结合前人研究成果（《中国地层典》（1999）、《四川省区域地质志》（1991）、《四川石油地质志》（1989）等），寒武系可划分为上、中、下三统，其中下寒武统包括筇竹寺组、沧浪铺组和龙王庙组；中寒武统主要为高台组；在乐山—龙女寺地区因寒武系中统上部与上统不易区分，合称为洗象池群，各组群间均为连续沉积。

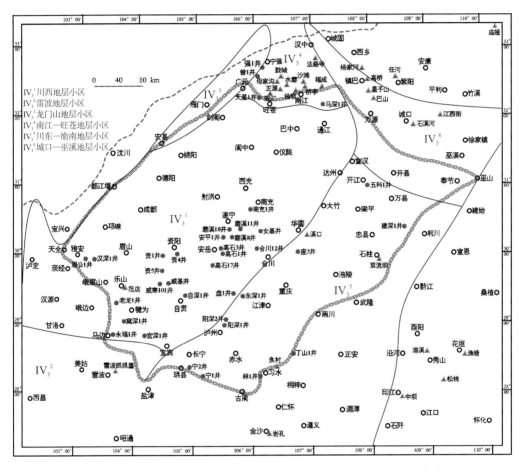

图 2-5　四川盆地寒武系地层分区图（据中石油西南油气田分公司研究院）

本书研究的层位为下寒武统龙王庙组。龙王庙组由卢衍豪（1941）命名于云南昆明市西山滇池西岸的龙王庙附近，是指一套由砂岩、页岩及厚层灰岩组成的地层，含三叶虫（莱德利基虫）化石，厚 183 m，与下伏沧浪铺组呈整合接触。四川盆地龙王庙组在不同地区具有不同的沉积响应特征及命名，如南江—旺苍小区的孔明洞组、川东—渝南小区的清虚洞组、恩施咸丰小区和城口—巫溪小区的石龙洞组等，本书将该套地层统称为龙王庙组。

四川盆地龙王庙组岩性主要包括灰色—深灰色泥粉晶白云岩、白云质灰岩、泥质白云岩、膏岩、膏质白云岩、颗粒白云岩等（图 2-6），在靠近当时古陆的盆地西侧边缘也发育砂质云岩、砂泥岩等混积岩类。川中地区龙王庙组岩性相对较单一，主要以浅灰—深灰色砂屑云岩、晶粒云岩为主，此外还发育少量砂质云岩、泥质云岩及膏质云岩等过度岩类。

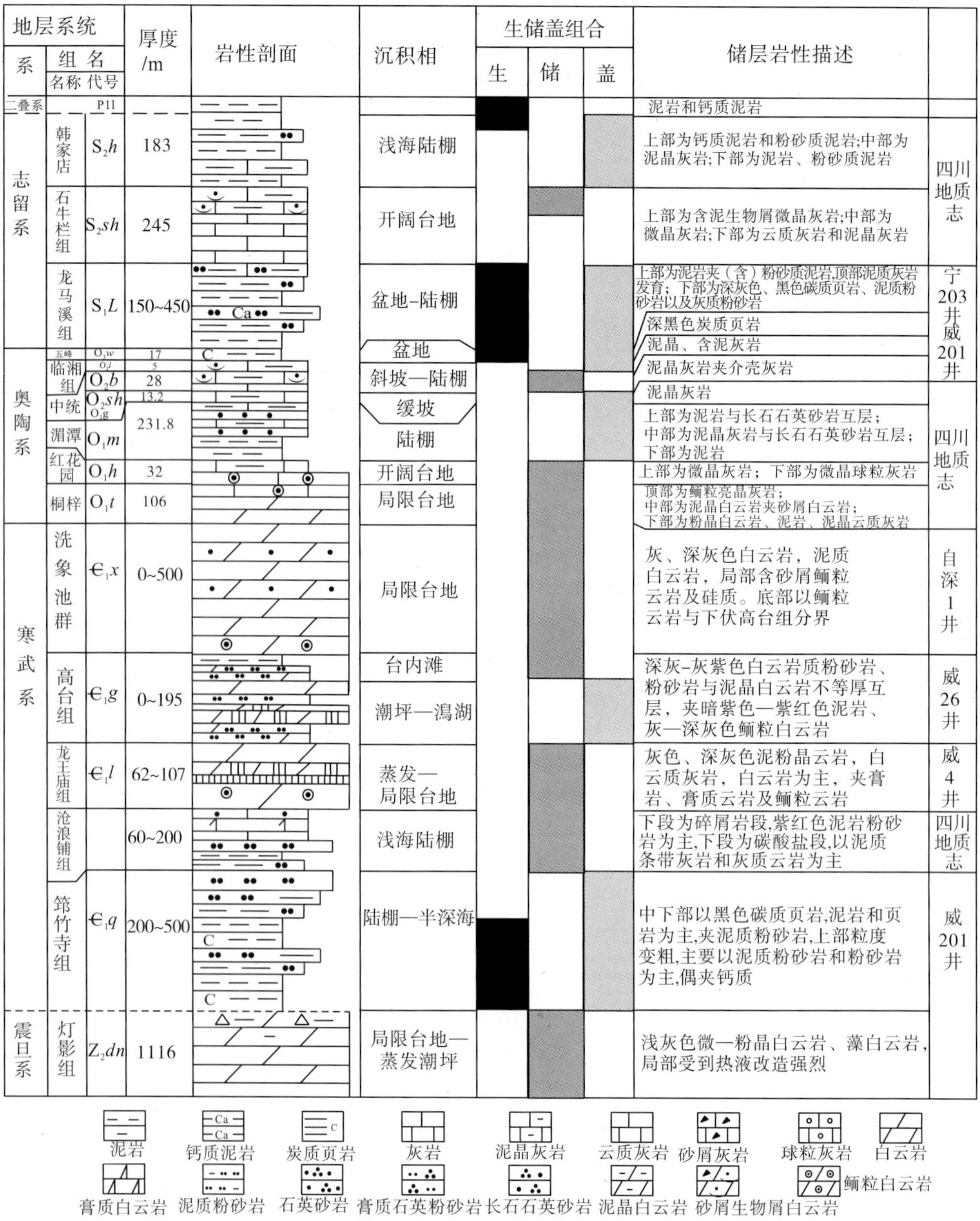

地层系统			厚度/m	岩性剖面	沉积相	生储盖组合			储层岩性描述	
系	组名 名称	代号				生	储	盖		
二叠系		P1l							泥岩和钙质泥岩	
志留系	韩家店组	S2h	183		浅海陆棚				上部为钙质泥岩和粉砂质泥岩;中部为泥晶灰岩;下部为泥岩、粉砂质泥岩	四川地质志
	石牛栏组	S2sh	245		开阔台地				上部为含泥生物屑微晶灰岩;中部为微晶灰岩;下部为云质灰岩和泥晶灰岩	
	龙马溪组	S1L	150~450		盆地-陆棚				上部为泥岩夹(含)粉砂质泥岩,顶部泥质灰岩发育;下部为深灰色、黑色碳质页岩、泥质粉砂岩以及灰质粉砂岩	宁203井威201井
					盆地				深黑色炭质页岩	
奥陶系	五峰组	O3w	17		斜坡-陆棚				泥晶、含泥灰岩	
	临湘组	O3l	5						泥晶灰岩夹介壳灰岩	
	宝塔组	O2b	28		缓坡				泥晶灰岩	
	中统 十字铺	O2sh	13.2		陆棚				上部为泥晶灰岩与长石石英砂岩互层;中部为泥晶灰岩与长石石英砂岩互层;下部为泥岩	四川地质志
	湄潭组	O1m	231.8							
	红花园	O1h	32		开阔台地				上部为微晶灰岩;下部为微晶球粒灰岩	
	桐梓	O1t	106		局限台地				顶部为粉粒亮晶灰岩;中部为泥晶云岩夹砂屑白云岩;下部为粉晶白云岩与泥质灰岩;底部为泥质灰岩	
寒武系	洗象池群	Є1x	0~500		局限台地				灰、深灰色白云岩,泥质白云岩,局部含砂屑鲕粒云岩及硅岩。底部以鲕粒云岩与下伏高台组分界	自深1井
	高台组	Є1g	0~195		台内滩				深灰-灰色白云岩质粉砂岩、粉砂岩与泥晶白云岩不等厚互层,夹暗紫色—紫红色泥岩、灰—深灰色鲕粒白云岩	威26井
					潮坪—潟湖					
	龙王庙组	Є1l	62~107		蒸发—局限台地				灰色、深灰色泥粉晶云岩,白云质灰岩,白云岩为主,夹膏岩、膏质云岩及鲕粒云岩	威4井
	沧浪铺组		60~200		浅海陆棚				下段为碎屑岩段,紫红色泥岩粉砂岩为主,下段为碳酸盐段,以泥质条带灰岩和灰质云岩为主	四川地质志
	筇竹寺组	Є1q	200~500		陆棚—半深海				中下部以黑色碳质页岩,泥岩和页岩为主,夹泥质粉砂岩,上部粒度变粗,主要以泥质粉砂岩和粉砂岩为主,偶夹钙质	威201井
震旦系	灯影组	Z2dn	1116		局限台地—蒸发潮坪				浅灰色微—粉晶白云岩、藻白云岩,局部受到热液改造强烈	

图 2-6　四川盆地下古生界地层综合柱状图(据吴斌等，2013)

图例说明：泥岩，钙质泥岩，炭质页岩，灰岩，泥晶灰岩，云质灰岩，砂屑灰岩，球粒灰岩，白云岩，膏质白云岩，泥质粉砂岩，石英砂岩，膏质石英粉砂岩长石石英砂岩，泥晶白云岩，砂屑生物屑白云岩，鲕粒白云岩

2.4.2　地层界限

1. 龙王庙组与高台组界限划分

川中地区龙王庙组与上覆高台组呈整合接触，二者在岩性、电性等方面有着一定的

差异。下寒武统龙王庙组的顶部主要岩性以灰－深灰色晶粒云岩、颗粒云岩以及少量砂质晶粒云岩主，指示海退末期浅水沉积环境，三叶虫化石带自下而上为 Redlichia murakamii-Hoffetella 带和 Redlichia guizhouensis 带。而分界线之上的中寒武统高台组沉积时，四川盆地泛潮坪化，区域上沉积了一套以粉砂岩、云质粉砂岩、砂质云岩、粉砂质泥岩及泥质云岩等为主的碎屑岩，高台组因其底部地层多为褐红色又被俗称为"上红层"，三叶虫化石带自下而上为 Chiittidilla-Kunmingaspis 带和 Kutsin-gocephalus-Sinoptychoparia 带。研究区内龙王庙组与高台组界限附近岩石具有向上颜色变浅，陆源碎屑物质明显增加的趋势(图 2-7)。

电测曲线上，龙王庙组顶部自然伽马(GR)值较低，分布范围为 5～20 API，平均约 15 API，深浅双侧向电阻率较高且具有明显正差异(图 2-8)，表明该段具有一定渗透性。高台组底部自然伽玛曲线呈山峰状，GR 值分布范围为 20～120 API，平均约 73 API，深浅侧向电阻率曲线无明显的幅度差，其值相对龙王庙组明显偏低。

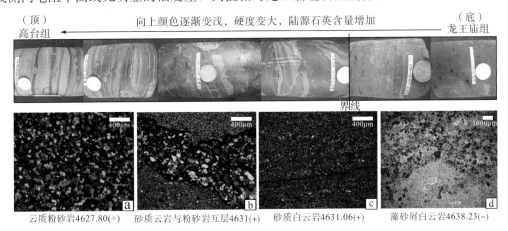

图 2-7　磨溪 19 井高台组与龙王庙组界线附近岩性特征

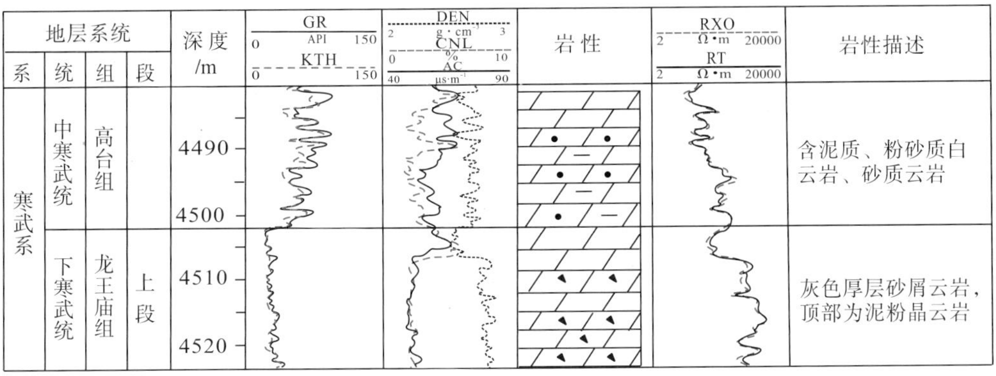

地层系统				深度 /m	GR	DEN CNL	岩性	RXO RT	岩性描述
系	统	组	段		0　API　150　0　KTH　150	2　g·cm⁻³　3　0　％　10　40　μs·m⁻¹　90		2　Ω·m　20000　2　Ω·m　20000	
寒武系	中寒武统	高台组		4490　　4500					含泥质、粉砂质白云岩、砂质云岩
	下寒武统	龙王庙组	上段	4510　　4520					灰色厚层砂屑云岩，顶部为泥粉晶云岩

图 2-8　高石 10 井龙王庙组与高台组的分界特征图

2. 龙王庙组与沧浪铺组界限划分

龙王庙组与下伏沧浪铺组为整合接触，虽为连续沉积，但两套地层界面附近岩性和电性同样具有明显差异，界限较易识别。四川盆地下寒武统沧浪铺组沉积时海水逐渐退去，至沧浪铺末期，海平面极低，研究区内沉积了一套碳酸盐岩与碎屑岩的混积产物，顶部为含陆源石英较多的砂质云岩，沧浪铺组因其下部地层常夹有紫红色页岩而被俗称为"下红层"，三叶虫化石带自下而上为 *Yiliangella Yunnanaspis* 带、*Drepanu-roides* 带、*Palaeolenus* 带及 *Megapalaeolenus* 带。界面之上的下寒武统龙王庙组沉积时，伴随着新一轮海侵，研究区内整体沉积了一套较深水的细粒物质，包括含泥质的泥晶云岩、膏质云岩、泥质灰岩等。以研究区西南侧的高石梯地区为例，龙王庙组底部为深灰色富含黏土泥的细粒泥质泥晶白云岩与薄层砂屑质泥晶白云岩互层，生物扰动频繁，可见石膏假晶，泥质含量明显较下部沧浪铺组有所增加，岩石颜色也更深(图 2-9)。

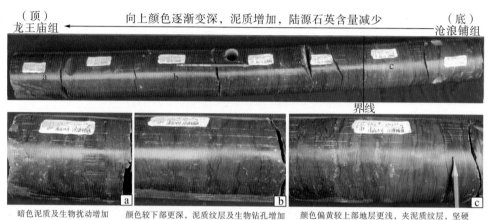

图 2-9　高石 10 井龙王庙组与沧浪铺组界线附近岩性特征

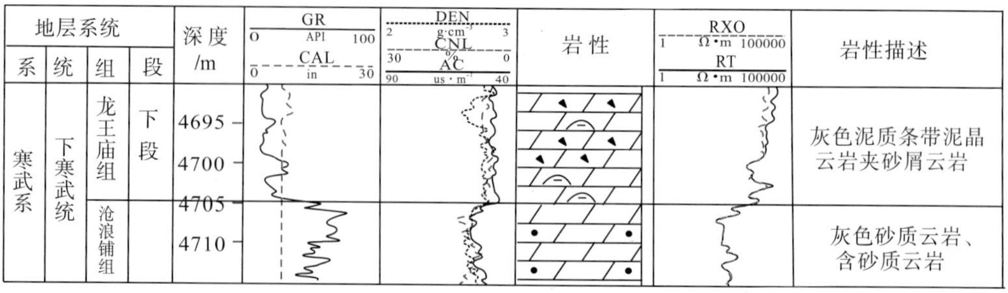

地层系统			深度	GR	DEN	岩性	RXO	岩性描述
系	统	组 段	/m	0 ─ API ─ 100 0 ─ CAL ─ 30 in	2 ─ g·cm ─ 30 ─ CNL ─ 90 ─ AC ─ 40 us·m		1 ─ Ω·m ─ 100000 RT 1 ─ Ω·m ─ 100000	
寒武系	下寒武统	龙王庙组 下段	4695 4700 4705					灰色泥质条带泥晶云岩夹砂屑云岩
		沧浪铺组	4705 4710					灰色砂质云岩、含砂质云岩

图 2-10　高石 10 井龙王庙组与沧浪铺组的分界特征图

龙王庙组与沧浪铺组在电测曲线上也具有不同的响应特征，龙王庙组底部对应的自然伽马值相对较低、分布范围为 10~40 API，平均约 20 API，自然伽马值与其岩性中含泥质有关，深浅双侧向值偏高，且无差异(图 2-10)。沧浪铺组顶部自然伽玛曲线呈峰状，GR 值分布范围为 50~100 API，平均约 70 API，深浅双侧向电阻率曲线无明显的幅度差，其值相对龙王庙组明显偏低。

2.4.3　地层划分与对比

1. 地层划分

川中地区龙王庙组为一套碳酸盐岩沉积建造，以颗粒白云岩、晶粒白云岩以及少量泥质白云岩和砂质白云岩为主，地层厚度 60~130 m，与下伏沧浪铺组和上覆高台组均呈整合接触。根据区域沉积背景分析认为(冯增昭等，2002；姚根顺等，2013)，早寒武世龙王庙期区内经历了两次四级海平面升降旋回，沉积期的海平面升降变化造成龙王庙组地层在岩性、电性等方面都具有明显的旋回性沉积响应特征(图 2-11)，本书根据沉积旋回将龙王庙组划分为龙王庙组上段和龙王庙组下段两个亚段，具体特征如下。

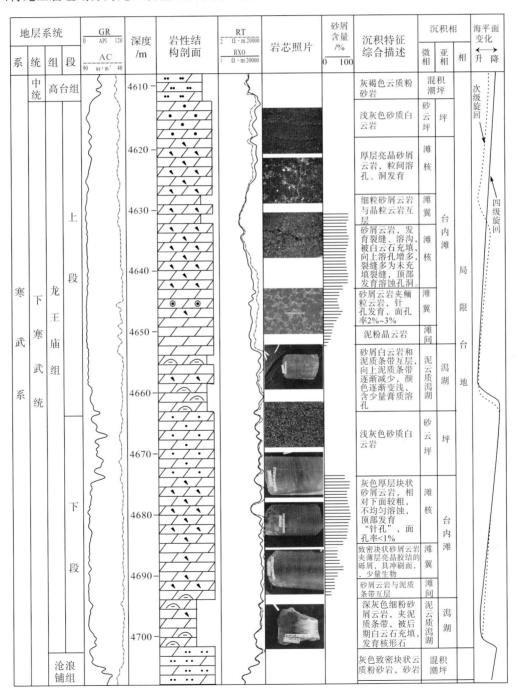

图 2-11　川中地区下寒武统龙王庙组地层综合柱状图

1) 龙王庙组下段

钻厚 20～50 m 不等。该亚段主要沉积了一套深灰色、灰色块状含泥质的泥晶白云岩、含颗粒白云岩、灰质白云岩、含膏质泥晶白云岩等，局部地貌高地沉积了厚层的颗粒白云岩；底部沉积了一套低能静水环境的泥质泥晶白云岩，含石膏假结核、生物钻孔扰动等静水沉积构造；中上部以薄层晶粒白云岩以及颗粒白云岩为主。局部地区龙王庙组下段顶部见砂质白云岩、晶粒白云岩等浅水低等沉积产物，伴随帐篷构造等暴露干裂构造。生物主要为有孔虫和小壳等局限海洋生物。

龙王庙组下段地层岩性由下至上从含泥质泥晶云岩、含膏质泥晶云岩逐渐过渡为晶粒云岩、颗粒云岩以及砂质白云岩，总体上呈现出快速海侵—缓慢海退的沉积特征，这与早寒武世龙王庙期第一次四级海平面升降旋回相对应。

2) 龙王庙组上段

钻厚 40～80 m 不等。该亚段主要沉积了一套厚层颗粒白云岩、晶粒白云岩、含膏质晶粒白云岩等，局部地貌洼地沉积了厚层的石膏岩；其底部常发育一套薄层深灰色含泥质的泥粉晶白云岩，其中含有石膏假结核，该薄层静水低能产物在区内分布较稳定；龙王庙组上段中上部以厚层颗粒白云岩和晶粒白云岩为主，溶蚀孔洞最为发育，颗粒岩厚度最厚可达 40m；上段顶部为灰色、浅灰色晶粒白云岩和砂质晶粒白云岩，发育鸟眼孔、干裂碎片、收缩裂缝等浅水暴露标志，在局部地貌高地可见同生期岩溶特征。

龙王庙组上段地层岩性由下至上从含泥质的泥晶云岩逐渐过渡到颗粒云岩、晶粒云岩，总体呈现出快速海侵—缓慢海退的沉积特征，龙王庙组上段的沉积与龙王庙期第二次四级海平面升降旋回相对应。较龙王庙组下段而言，上段岩性中的颗粒白云岩等粗粒沉积物更多，颜色更浅，表明沉积水体能量更高。

2. 地层对比

在单井地层划分的基础上，本书选取 20 余口井进行地层对比，编绘了三条以龙王庙组底界拉平的连井地层对比剖面。为了尽可能详细、客观地反映川中地区龙王庙组地层的纵横向变化规律，所选用的井最大限度的覆盖整个研究区。

其中两条近东西向剖面为威寒 101—高石 3—磨溪 21—磨溪 8—宝龙 1—女基—广探 2井剖面（图 2-12）和资 5—磨溪 9—磨溪 203—磨溪 19—磨溪 11—女基—座 3 井剖面（图 2-13），两条近南北向剖面分别为磨溪 202—磨溪 19—磨溪 21—高石 2—高石 6—荷深1—盘 1 井剖面（图 2-14）和资 2—资 5—威韩 101—自深 1—阳深 2 井剖面（图 2-15）。

研究区下寒武统龙王庙组在横向上具有如下特征。

（1）川中地区龙王庙组地层发育齐全，与上下地层均呈整合接触，在研究区内龙王庙组上段及下段均可进行追踪和对比。

（2）研究区内龙王庙组地层厚度变化不大，大致具有由西向东地层厚度逐渐增加的趋势。同时，岩性也具有明显的变化，研究区西部的资阳、威远地区，岩性普遍以含较多的陆源碎屑为特征；位于研究区中部的磨溪、高石梯、盘龙场以及荷包场等地区龙王庙组则以较纯净的白云岩为主，偶夹有少量泥质和灰质；至研究区东部的广探 2 井、座 3井区，地层沉积厚度增大，岩性以局限静水低能的含泥质云岩、膏质云岩为主，尤其是

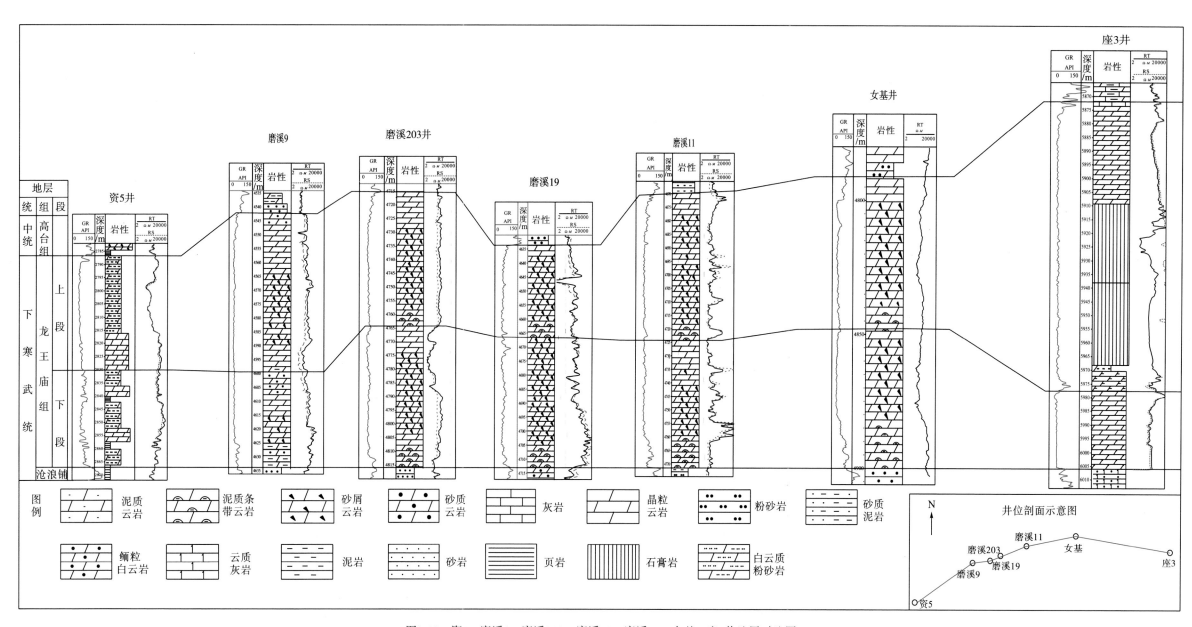

图2-13　资5—磨溪9—磨溪203—磨溪19—磨溪11—女基—座3井地层对比图

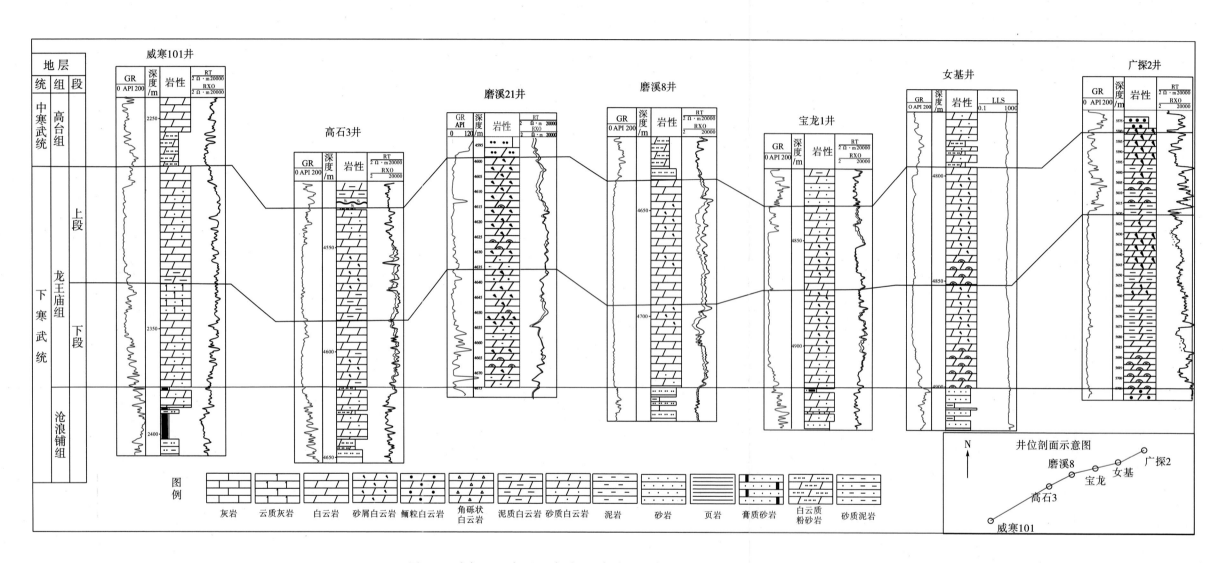

图2-12 威寒101—高石3—磨溪21—磨溪8—宝龙1—女基—广探2井地层对比图

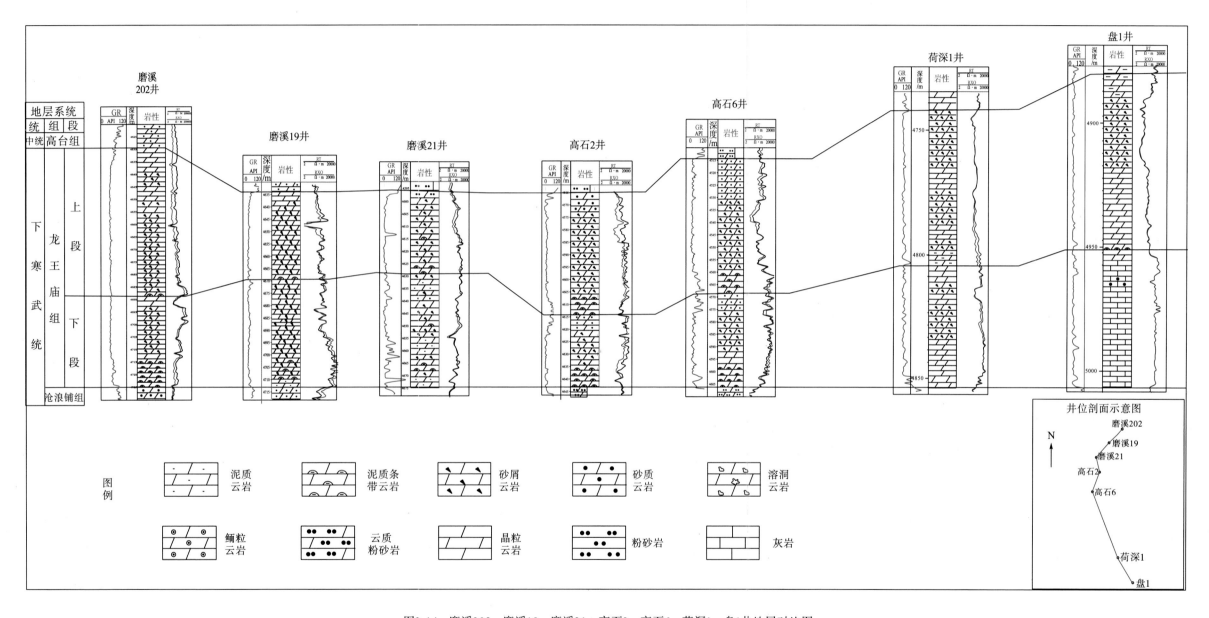

图2-14 磨溪202—磨溪19—磨溪21—高石2—高石6—荷深1—盘1井地层对比图

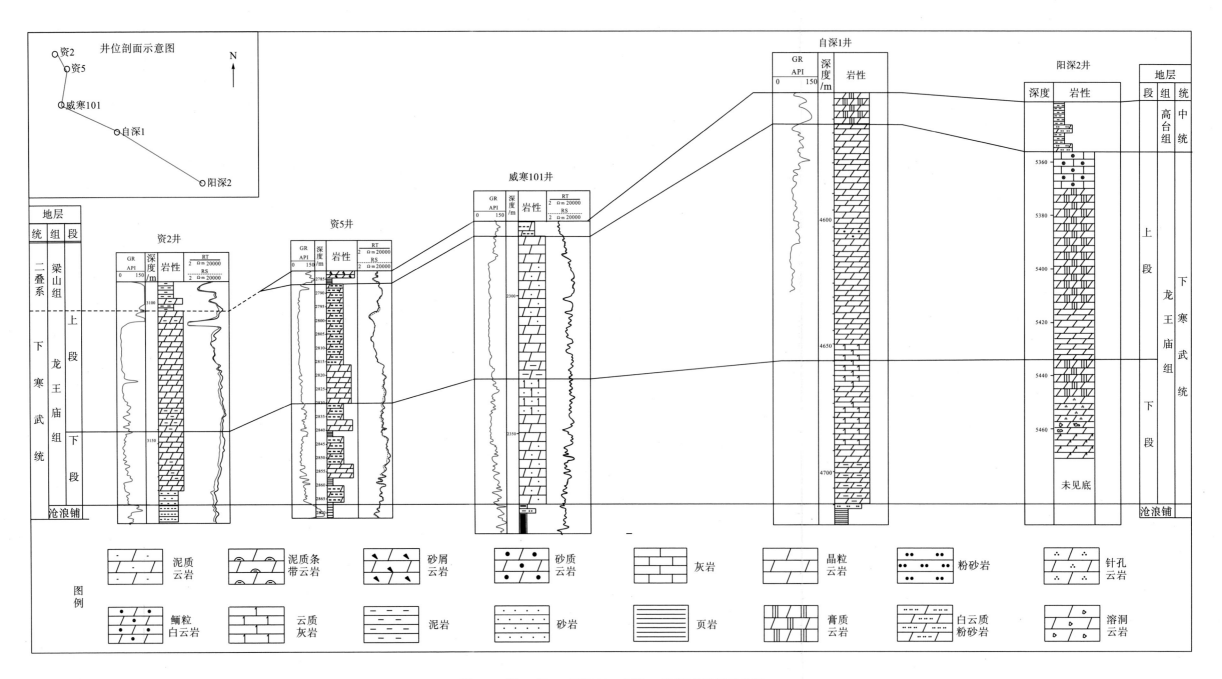

图2-15　资2—资5—威寒101—自深1—阳深2井地层对比图

在座 3 井区，以沉积大套厚层的石膏岩为特征。这种现象可能与龙王庙组沉积时西浅东深的古地理格局有关。

(3)研究区西部资 2 井及附近井区，龙王庙组残余地层厚度仅有 60 余米，其上与二叠系梁山组呈不整合接触，过资 2 井的西北—南东向地层连井剖面表明地层厚度由西北向东南逐渐增厚，寒武系地层保存也更加完整。这表明，在靠近乐山—龙女寺古隆起的资阳地区，龙王庙组地层遭受了不同程度的剥蚀，其原因可能与乐山—龙女寺古隆起演化剥蚀有关。

(4)研究区中部的磨溪、高石梯地区龙王庙组厚度稳定、岩性较为单一，以厚层的颗粒白云岩和晶粒白云岩为主，表明该区域龙王庙组沉积时水体能量高、沉积环境稳定。这种现象可能受沉积期古地貌高地控制。

2.4.4　地层展布

在单井地层划分及连井地层剖面对比的基础上，为了更好的展现下寒武统龙王庙组地层的分布规律，揭示川中地区早寒武世龙王庙期古地理沉积格局，本书对龙王庙组地层平面展布规律进行了研究，并分别绘制了龙王庙组、龙王庙上段以及龙王庙下段地层的厚度等值线图(图 2-16、图 2-17、图 2-18)。通过分析研究，可以得出以下认识。

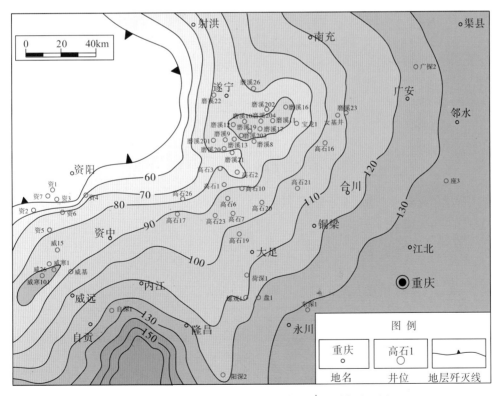

图 2-16　川中地区下寒武统龙王庙组地层厚度平面图

(1)受沉积期古地理格局影响，龙王庙组地层总体上西薄东厚，局部存在地层增厚区。川中地区下寒武统龙王庙组地层厚度变化较大，一般 60~130 m。位于研究区西南部的自深 1 井及区外窝深 1 井地层厚度可达 150 m 以上；在研究区中部磨溪、高石梯地区龙王庙组地层具有局部稳定增厚的趋势；威远地区如威寒 101 井区也存在局部地层增厚区(图 2-16)。

龙王庙组地层厚度的差异主要受控于龙王庙期的沉积古地貌及环境，早寒武世龙王庙期整个四川盆地位于西浅东深的碳酸盐岩台地内，川中地区则主要发育蒸发—局限台地。研究区由西向东可容纳空间增大，沉积物厚度也相对增加。前已述及，乐山—龙女寺古隆起在早寒武世已形成，为一水下古隆起，受其影响在磨溪、高石梯以及威远等水下隆起周缘地区，沉积界面位于浪基面附近，水体能量高，沉积速率快，沉积厚度较周围地区相对更大。在水下古隆起外围的地貌洼地，如自深 1 井及其南边地区，水体深沉积厚度也较大。

(2)受乐山—龙女寺水下古隆起继承性影响，龙王庙组上、下段地层展布规律与龙王庙组地层展布规律具有一致性。对川中地区龙王庙组各段地层厚度平面分布特征对比分析后认为，龙王庙组上段和下段地层平面展布特征与龙王庙组地层平面展布特征具有相同规律，上、下段也具有相似性，总体呈现为西薄东厚的特征，局部存在厚度差异。

龙王庙组下段地层厚度范围为 30~70 m，在磨溪、高石梯以及威远地区龙王庙组下段地区厚度明显较周围更高，磨溪地区最高可达 60 m；研究区南部位于古隆起外围洼地的自深 1 井及阳深 2 井区，水体深，沉积可容纳空间大，同样具有地层集中增厚的趋势(图 2-17)。

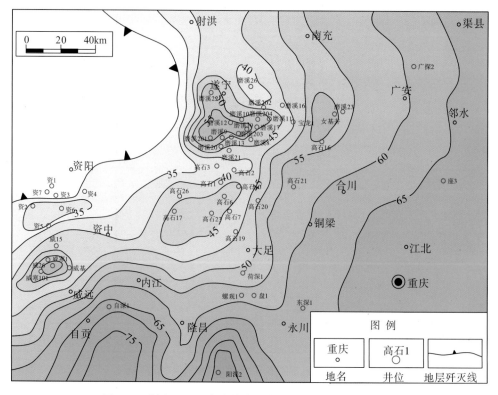

图 2-17　川中地区下寒武统龙王庙组下段地层厚度平面图

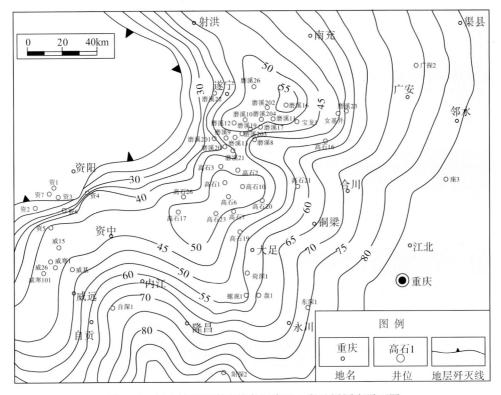

图 2-18　川中地区下寒武统龙王庙组上段地层厚度平面图

龙王庙组上段地层厚度分布范围为 30~100 m，在研究区中部的地层普遍较厚，其增厚趋势和分布规律与龙王庙组下段相似，在磨溪地区上段地层厚度分布更加稳定。研究区南部自深 1 井与阳深 2 井区，地层增厚范围减小。研究区龙王庙组上段较下段而言，地层分布更加稳定且其厚度更大(图 2-18)。

(3)龙王庙组上段与下段地层厚度展布规律的变化反映了沉积期海水向东退去，沉积格局向东迁移的特征。研究区龙王庙组上段地层与龙王庙组下段地层的展布特征具有一定的成因联系，上段厚度中心较下段具有向东迁移的趋势，在研究区中部上段地层的厚度高值也较下段范围更大。

前已述及，龙王庙期整体为一个三级海侵—海退沉积旋回，龙王庙组上段沉积期较下段沉积期海水逐渐向东退去。而研究区中部的厚度高值主要受龙王庙期水下高地沉积的高能滩体影响，伴随着海平面缓慢下降，浅水高能的颗粒滩将逐渐向深水区迁移，相应的高能沉积相带也将向东迁移。

第3章 沉积相特征

3.1 区域沉积背景

四川盆地在早寒武世龙王庙期处于上扬子台地西北部边缘，总体具有西陆东海的沉积格局(冯增昭等，2002，2006)(图3-1)，西部的康滇古陆持续向台地内近岸一侧供给碎屑物源。中上扬子碳酸盐岩台地面积广阔，主要是龙王庙组、孔明洞组、石龙洞组、清虚洞组、半汤组、炮台山组(下部)的分布地区。沉积的岩石类型主要是石灰岩和白云岩，在台地内部有蒸发岩的分布，在台地边缘地区，如贵州石阡滩、松桃滩、湖北的南漳滩、随州滩等有鲕粒滩的分布，在黔东、湘西、川东南和陕南地区的清虚洞组中上部发育有藻丘。总体看来，岩性较为单一，厚度变化不大。生物化石以三叶虫、腕足等底栖型为主(卢衍豪等，1985)。

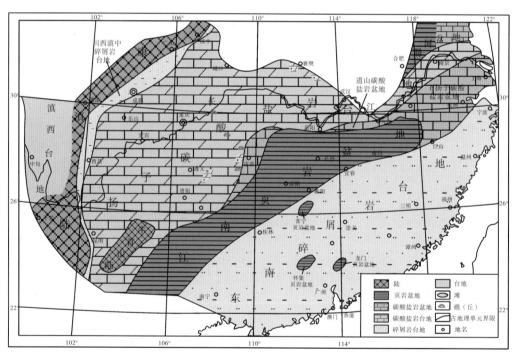

图3-1 中国南方早寒武世龙王庙期岩相古地理图(据冯增昭，2006，修改)

在靠近康滇古陆及牛首山陆的地区，即上扬子碳酸盐岩台地与康滇古陆、牛首山陆之间的狭长地带，碎屑含量可达50%以上，主要发育近岸碎屑岩潮坪环境，可称之为川西滇中碎屑岩台地。从相带分布的关系来看，该碎屑岩台地应是上扬子碳酸盐岩台地靠近陆地的边缘地带。

　　四川盆地早寒武世龙王庙期的沉积古地理格局是经过震旦纪及早寒武世构造演化而形成的。震旦纪末期，桐湾运动导致地壳上升，使整个四川盆地早期沉积的灯影组地层两度暴露于海平面之上接受剥蚀，形成两个区域上的不整合面(汪泽成等，2014)，分别位于灯二段顶部和灯四段顶部。盆地西边的龙门山一带以康定、宝兴、彭灌等杂岩体作为核心发生上隆，使台地的沉积基底总体格架呈东倾状，地势具有西高东低的古地貌特征(卢衍豪等，1965)。早寒武世筇竹寺组沉积期，海水在此基底上由东南方向快速入侵四川盆地，海水入侵面积大、水体上升速度快，整个四川盆地处于较深水的陆棚环境之中，物源供应主要来自盆地西侧的康滇古陆(冯增昭等，2002)，沉积了一套深灰—灰黑色页岩、泥质粉砂岩和深灰色炭质页岩等，沉积相带呈北东—南西向展布。早寒武世沧浪铺期，四川盆地发生大规模的缓慢海退，水体较筇竹寺组沉积期明显变浅，陆源碎屑供给充足。这一时期，盆地中部和南部地区仍受古隆起影响明显，古隆起区沉积厚度较薄，凹陷区沉积厚度相对较大。沧浪铺组主要发育灰色、紫红色粉砂岩、砂岩，另外也可见薄层碳酸盐岩与碎屑岩的岩性组合。

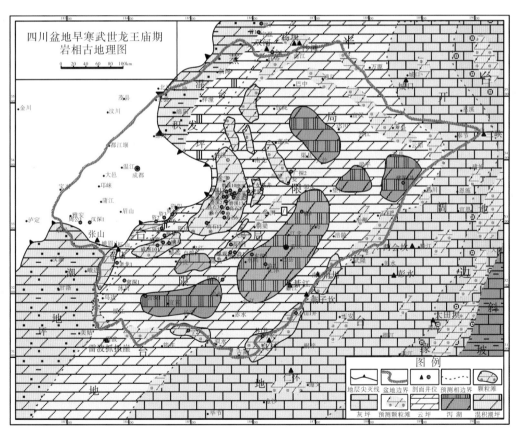

图 3-2　四川盆地及邻区早寒武世龙王庙期岩相古地理图

　　下寒武统龙王庙组沉积期，四川盆地在大的海退背景下发生较大规模的次一级海侵，沉积格局相对于沧浪铺期发生了较大的变化。总体而言，由之前的以陆源碎屑沉积为主的陆棚逐渐转变为以碳酸盐岩沉积为主的台地，来自西部康滇古陆的陆源碎屑仅能影响到盆地西部，能到达盆地内沉积的陆源碎屑物极少。四川盆地位于连陆的以碳酸盐岩沉积为主的碳酸盐岩台地沉积体系之中，自西向东可依次划分为混积潮坪、蒸发台地、局限台地、开阔台地、台地边缘、斜坡及盆地等七个沉积相带(图3-2)。

下寒武统龙王庙组沉积期四川盆地的古地貌趋于平缓，但总体具有西高东低的地势特征。受早寒武世区域拉张构造环境的影响，乐山—龙女寺水下古隆起开始形成，而川东地区则下降成为凹陷区，四川盆地总体呈现为向东倾斜的凹隆相间的古地理背景(李天生，1992；戴弹申等，2000；徐世琦，1999；汪泽成等，2013；黄文明等，2009)。受周缘古陆和水下隆起的双重影响，川中地区在蒸发−局限碳酸盐岩台地的基础上因其周边的地貌和水动力条件发生了明显的变化，因而在其古隆起区向海一侧长期处于浪基面附近，沉积了一套以颗粒岩为主的高能滩体(李伟等，2012；姚根顺等，2013)。而在远离水下古隆起的凹陷区则发育了相对低能的局限较深水沉积。

3.2　沉积相类型与特征

本书在区域地质资料及前人研究成果收集和整理分析的基础上，通过对研究区内钻井岩芯的精细观察和描述，结合录井、测井及区域沉积背景等资料的综合分析，认为川中地区龙王庙组主要发育碳酸盐岩蒸发−局限台地相沉积，可进一步划分出台内滩、潟湖、碳酸盐潮坪、混积潮坪等亚相及若干微相(表3-1)，其近东西向地层沉积充填格架如图3-3所示。

表3-1　川中地区下寒武统龙王庙组沉积相分类简表

相 (环境)	亚相 (亚环境)	微相 (微环境)	主要岩石类型及组合	主要分布地区
蒸发—局限台地	混积潮坪	砂云坪	砂质云岩	威远地区
		云质砂坪	云质砂岩、粉砂岩	资阳地区
	碳酸盐潮坪	云坪	晶粒云岩	磨溪地区
	台内滩	滩核	颗粒云岩	研究区均有分布
		滩翼	颗粒云岩与晶粒云岩互层	
		滩间洼地	晶粒云岩夹薄层颗粒云岩	
	潟湖	泥云质潟湖	泥质泥晶云岩	
		膏云质潟湖	膏岩、云质膏岩	座3、自深1井区

3.2.1　混积潮坪

混积潮坪常常发育于碳酸盐岩连陆台地靠近海岸线一侧的浅水地带，地势平缓，水体局限，以潮汐作用控制为主。受康滇古陆的影响，四川盆地在早寒武世龙王庙期混积潮坪主要发育于盆地西部，虽然现今盆地西部龙王庙组由于剥蚀保存较少，但在盆地西

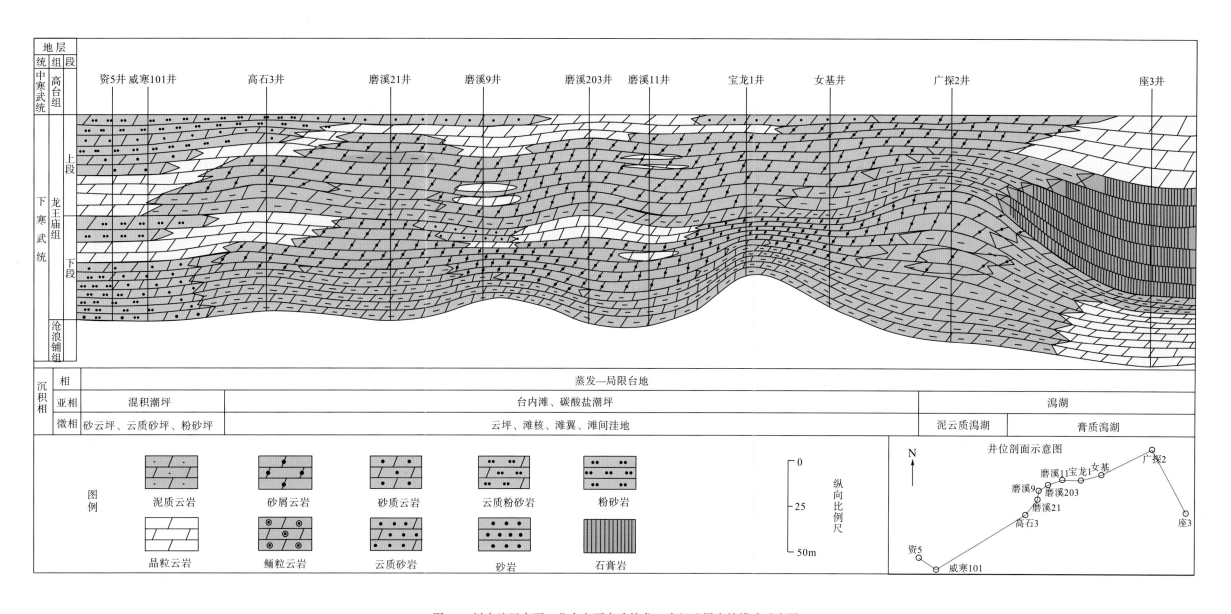

图3-3　川中地区南西—北东向下寒武统龙王庙组地层充填模式示意图

南边的峨眉张山、峨边、乐山范店等地，川北曾 1 井区以及资阳地区仍可见较多的混积潮坪沉积。而川中地区由于远离古陆，因此较少有陆源碎屑的沉积，仅在资 5 井区和磨溪—高石梯地区龙王庙组上段顶部发育少量混积潮坪沉积，其形成与海退末期陆源碎屑进积有关。根据沉积物结构和构造特征将混积潮坪进一步划分为云质粉砂坪和砂云坪。

1. 云质砂坪

云质砂坪即为潮坪内以陆源粉砂占主体的沉积微相。研究区云质砂坪主要发育在西部靠近古陆的地区，如资阳地区，以及资阳以西的乐山范店、峨眉张山等地。云质砂坪微相沉积时水体较浅，处于极为氧化的环境，沉积物以陆源粉砂质为主，含少量碳酸盐组分，颜色多为黄褐色、灰褐色等(图 3-4a)。云质砂坪由于水体较浅常暴露到海平面之上，发育一些砾屑以及收缩干裂等特殊构造(图 3-4b)。

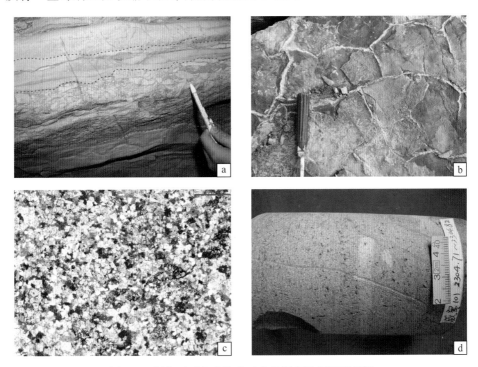

图 3-4　研究区下寒武统龙王庙组混积潮坪沉积特征

a. 黄褐色云质砂岩、粉砂岩，夹薄层板片状砾屑，乐山范店；b. 云质砂岩暴露干裂构造，南江桥亭；c. 砂质粉晶白云岩，磨溪 12 井，4685.7m，正交光；d. 砂质云岩发育部分针孔，威寒 101 井，2304.71～2304.82m。

2. 砂云坪

在研究区西—中部地区龙王庙组可发育砂云坪微相，其中在威远、高石梯地区龙王庙组顶部可见厚度较为稳定的砂云坪沉积物。其颜色较浅，呈坚硬块状，并发育冲刷侵蚀面等沉积构造，岩性主要为砂质云岩、含砂质云岩和含泥质白云岩等(图 3-4c)。由于陆源石英及夹带的陆源泥质影响，砂云坪在测井曲线上显示为相对较高的 GR 值(图 3-5)。部分砂质白云岩中可发育晶间孔、晶间扩溶孔，宏观上呈针孔状(图 3-4d)。

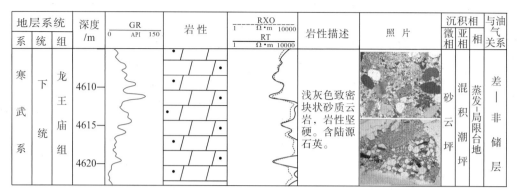

地层系统			深度/m	GR 0　API　150	岩性	RXO 1　Ω·m　10000 RT 1　Ω·m　10000	岩性描述	照片	沉积相			与油气关系
系	统	组							微相	亚相	相	
寒武系	下统	龙王庙组	4610 4615 4620				浅灰色致密块状砂质云岩，岩性坚硬。含陆源石英。		砂云坪	混积潮坪	蒸发-局限台地	差—非储层

图 3-5　高石 2 井龙王庙组砂云坪沉积微相相序图

3.2.2　碳酸盐潮坪

　　碳酸盐潮坪发育于平均高潮线到平均低潮线之间，属于远离陆地(物源区)的地势较为平坦的水下—水上沉积区。其沉积水体较浅，潮汐和波浪作用较弱，水体循环受到限制，水动力主要来自平均海平面周期性变动，可间歇性暴露于水体之上，沉积产物受潮汐作用影响较大。早寒武世龙王庙期，川中地区西侧由于受到当时乐山—龙女寺水下古隆起的遮挡，陆源碎屑较难搬运到研究区内；靠古隆起一侧的地势平坦区，在海平面相对下降过程中，沉积水体变浅，能量较低，沉积物的颜色相对较浅，堆积的颗粒(晶粒)也较细，主要为浅灰色—灰白色泥粉晶白云岩(图 3-6a)，为云坪沉积产物。

　　纵向上，云坪微相位于龙王庙组上下段的顶部，常发育在滩体的顶部或滩体与水下古隆起之间的平坦低洼地带。台内滩体由于不断的垂向加积或者次级海平面的继续相对下降，沉积界面逐渐露出海面，颗粒滩停止生长，此时水体浅、能量弱，形成了一套薄层浅色细粒的粉晶云岩。由于云坪处于浅水低能环境，时常暴露于水体之上，可形成一些鸟眼孔、干裂碎片等暴露标志(图 3-6b)。

图 3-6　研究区下寒武统龙王庙组云坪沉积特征

　　a. 粉晶白云岩，岩性致密，磨溪 13 井，4637.34m，单偏光；b. 灰白色粉晶白云岩，发育鸟眼构造，磨溪 203 井，4728.81~4728.95m。

　　碳酸盐潮坪白云岩在沉积时含有大量的晶间微孔，后期由于强烈的压实作用使沉积物的原生孔隙急剧减少。但云坪中白云岩化作用强烈，经过重结晶作用、溶蚀作用等建设性成岩作用的改造后，在质地较纯的粉晶白云岩中形成较多的晶间孔和晶间溶孔，宏观上局部"针孔"发育，因而云坪相带的储集性能中等—好。

3.2.3　台内滩（水下古隆起边缘滩）

　　受早寒武世龙王庙期乐山—龙女寺水下古隆起影响，研究区大部分地区位于台地内浪基面附近的地貌高地，水动力条件强，主体发育滩相沉积。沉积物多为各类颗粒岩，颗粒岩在沉积时通常具有较多的原生粒间孔隙（Ehrenberg，2006；Wannier，2009；Ronchi et al.，2010），可作为后期成岩改造中的流体通道，白云岩化作用及溶蚀作用往往较发育，所形成的溶蚀孔洞发育的颗粒白云岩为现今良好的储层。研究区龙王庙组颗粒岩以砂屑白云岩为主（图 3-7a），其次为鲕粒白云岩（图 3-7b），偶见豆粒白云岩（图 3-7c）及砾屑白云岩（图 3-7d）。颗粒滩可根据沉积的颗粒岩岩性特征分为砂屑滩、鲕粒滩、豆粒滩等多种类型。

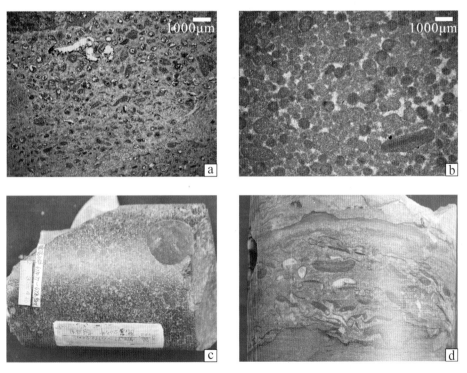

图 3-7　川中地区下寒武统龙王庙组颗粒滩沉积物特征

　　a. 砂屑白云岩，磨溪 19 井，4631.06m，单偏光；b. 鲕粒白云岩，磨溪 19 井，4688.23m，单偏光；c. 亮晶豆粒白云岩，磨溪 203 井，4770.77～4770.92m；d. 砾屑白云岩，磨溪 202 井，4731.98～4732.14m。

　　砂屑滩是龙王庙期局限台地内古隆起边缘地带最为重要且分布较广的滩体类型。由于川中地区处于当时的乐山—龙女寺水下古隆边缘地带，整体水动力较强，区内广泛发育了厚层的砂屑滩沉积物，局部高能井区的砂屑滩累计厚度最厚可达 70 m。砂屑滩沉积时多为砂屑灰岩，粒径大小一般为 0.5～2 mm，分选较好，磨圆度中等，颗粒间多为亮晶—泥亮晶胶结，原生粒间孔隙发育，砂屑灰岩经过白云岩化形成了现今的残余砂屑云岩。残余砂屑云岩在后期经过多种成岩作用改造，常常形成较好的溶孔溶洞，为现今有利的储集岩类。此外，砂屑滩沉积时也可将先期沉积并发生云化的基岩打碎直接形成砂屑白云岩，两者具有一定的区别，它们的区别将在后面章节进行论述。

砂屑滩在下寒武统龙王庙组通常发育在上段和下段的中上部，即两个四级海退旋回的中晚期，滩体纵向上可由若干个小单滩体叠置组成，单个滩体沉积序列的厚度一般在 2m 以内，常具有向上变浅的沉积序列，以发育向上变粗的反韵律层为特征(图 3-8)。

向上颗粒含量增加，粒度变粗，层变厚，顶部发育孔隙

顶 ←　　　　　　　　　　　　　　　　　　　　　　　　　　　　　　　　　→ 底

图 3-8　磨溪 21 井向上变粗的颗粒滩单滩体旋回，颗粒滩上部孔隙发育

砂屑滩在测井响应上主要表现为较低的自然伽马值，同时深浅双侧向电阻率值差异明显(图 3-9)，说明岩石渗透性良好，为有利储层发育段。

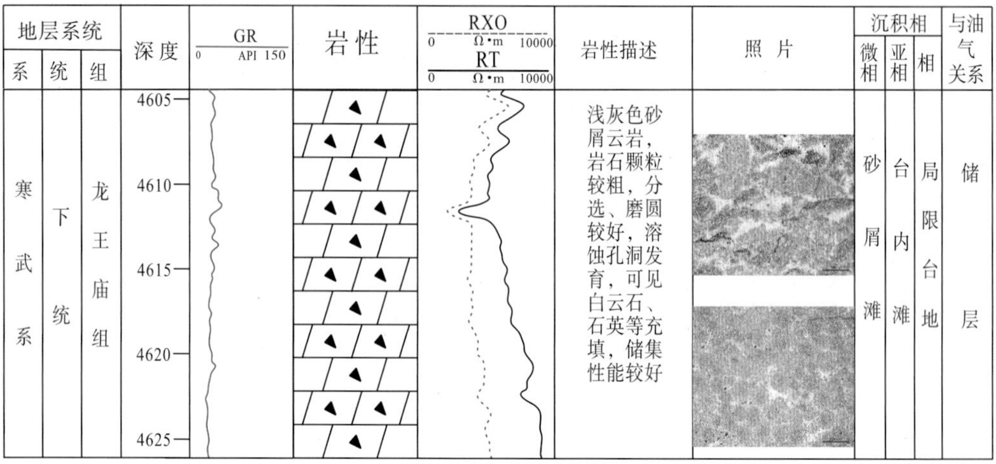

地层系统			深度	GR 0　API 150	岩性	RXO 0　Ω·m 10000　RT Ω·m 10000	岩性描述	照片	沉积相			与油气关系
系	统	组							微相	亚相	相	
寒武系	下统	龙王庙组	4605— 4610— 4615— 4620— 4625—				浅灰色砂屑云岩，岩石颗粒较粗，分选、磨圆较好，溶蚀孔洞发育，可见白云石、石英等充填，储集性能较好		砂屑滩	台内滩	局限台地	储层

图 3-9　磨溪 12 井下寒武统龙王庙组砂屑滩沉积特征图

鲕粒滩、豆粒滩等在研究区极少发育，仅作为薄层夹于大套的砂屑滩中，此处不进

行详解。台内滩纵向上的生长包括滩基、滩核以及滩盖三个基本单元(丁熊等，2012)
(图 3-10)。平面上，根据滩体的发育程度、厚度、分布位置、结构组分及水动力条件等，
又可将颗粒滩划分为滩核、滩翼、滩间洼地三个微相。而对于后期储层研究及储层平面
预测而言，位于不同沉积古地貌上的滩核、滩翼以及滩间洼地的特征及平面展布规律尤
为重要。

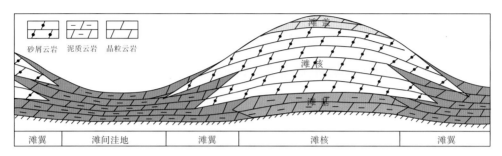

图 3-10　滩体纵横向生长剖面示意图(据丁熊等，2012，修改)

本书根据平面上颗粒岩累计厚度、单滩体颗粒岩厚度等将颗粒滩划分为滩主体(滩
核)、滩翼以及滩间洼地三个微相。同时，受海平面升降变化影响，颗粒滩在横向上的迁
移将造成纵向上三个微相的相互叠置，形成不同的岩性组合特征(图 3-11)。

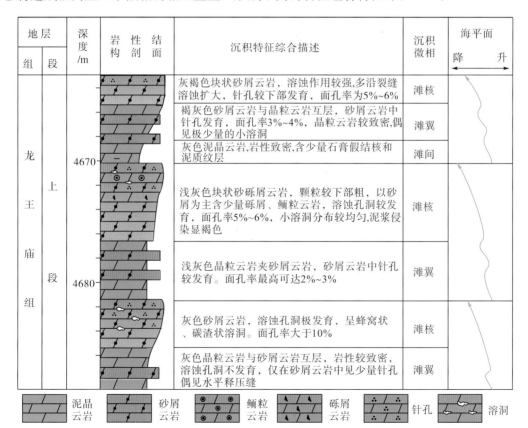

图 3-11　磨溪 32 井龙王庙组颗粒滩沉积微相相序图

1. 滩核

滩核是指滩的主体部位，既纵向上颗粒滩生长的主要位置，也是平面上颗粒滩堆积最主要的部位。滩从核部开始发育，向外扩张，颗粒堆积厚度大、继承性强。滩核长期处于水动力条件较强的浪基面附近，堆积的颗粒沉积物往往分选性和磨圆度均较好。滩核在地层中多表现为由多层厚度较大的颗粒岩叠合而成，为颗粒滩发育鼎盛时期的产物。

研究区下寒武统龙王庙组滩核主要由厚层－块状浅灰色砂屑白云岩、鲕粒白云岩及少量砾屑白云岩、豆粒白云岩等颗粒岩组成(图3-12a)，单层厚度一般大于5m。滩核水动力强，常形成交错层理和冲刷侵蚀面(图3-12a、b)。其中堆积的颗粒长期受波浪作用和潮汐作用冲洗，分选、磨圆好，粒径一般大于0.5mm(图3-12c)。滩核部位的沉积物由于海水动荡，细粒粘土物质淘洗干净而呈颗粒支撑，通常具有较高的原生孔隙(强子同，1998；Ehrenberg，2006；Wannier，2009；Ronchi et al.，2010)。同时由于海平面的下降或是滩体垂向加积速度的变快，滩顶可间隙性暴露(丁熊等，2012)，颗粒岩受到大气淡水的淋滤作用，发生组构选择性溶蚀改造，从而形成一定数量的粒内、粒间溶孔(图3-12d)，并且部分溶蚀孔洞具有顺层理发育的特征(图3-12b)。

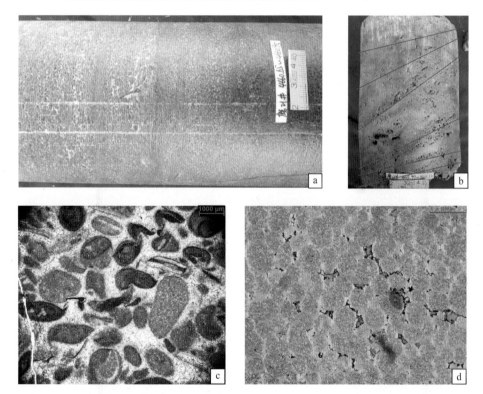

图3-12　川中地区下寒武统龙王庙组滩核微相沉积特征图

a. 块状亮晶鲕粒、豆粒白云岩，磨溪21井，4660.65m；b. 块状砂屑白云岩，溶蚀孔洞顺交错层理发育，磨溪13井，4615.99~4616.12m；c. 亮晶豆粒白云岩，磨溪202井，4714.18m，单偏光；d. 亮晶鲕粒云岩，磨圆分选较好，粒间溶孔发育，高石6井，4546.07m，单偏光.

在测井响应上，滩核通常具有较低的自然伽马值和密度值，较高的声波和中子值，深浅双侧向电阻率值差异明显(图 3-13),表明岩石渗透性较好。溶蚀孔洞在成像测井上表现为比较明显的暗色高电导异常,呈黑色斑点状分布。

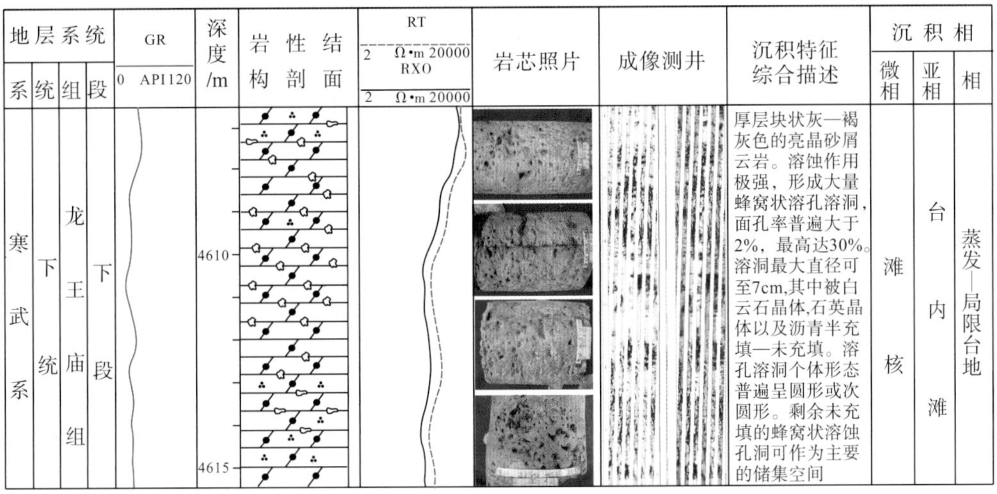

地层系统				GR	深度/m	岩性结构剖面	RT	岩芯照片	成像测井	沉积特征综合描述	沉积相		
系	统	组	段	0 API 120			2 Ω·m 20000 RXO 2 Ω·m 20000				微相	亚相	相
寒武系	下统	龙王庙组	下段		4610 4615					厚层块状灰-褐灰色的亮晶砂屑云岩。溶蚀作用极强,形成大量蜂窝状溶孔溶洞,面孔率普遍大于2%,最高达30%。溶洞最大直径可至7cm,其中被白云石晶体,石英晶体以及沥青半充填—未充填。溶孔溶洞个体形态普遍呈圆形或次圆形。剩余未充填的蜂窝状溶蚀孔洞可作为主要的储集空间	滩核	台内滩	蒸发—局限台地

图 3-13 磨溪 13 井龙王庙组滩核微相砂屑云岩测井响应特征

2. 滩翼

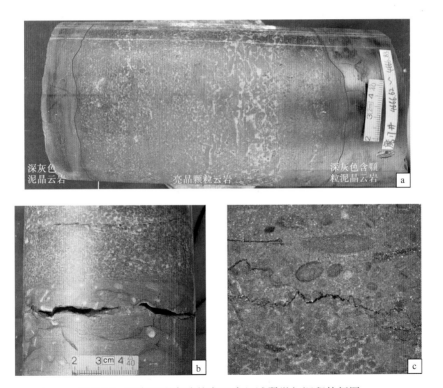

图 3-14 研究区下寒武统龙王庙组滩翼微相沉积特征图

a. 深灰色泥晶白云岩夹亮晶颗粒云岩,磨溪 17 井,4666.62~4666.83m;b. 颗粒云岩与下覆泥晶云岩呈突变接触,磨溪 202 井,4714.18~4714.42m;c. 泥晶颗粒云岩,磨溪 21 井,4653.35m,单偏光.

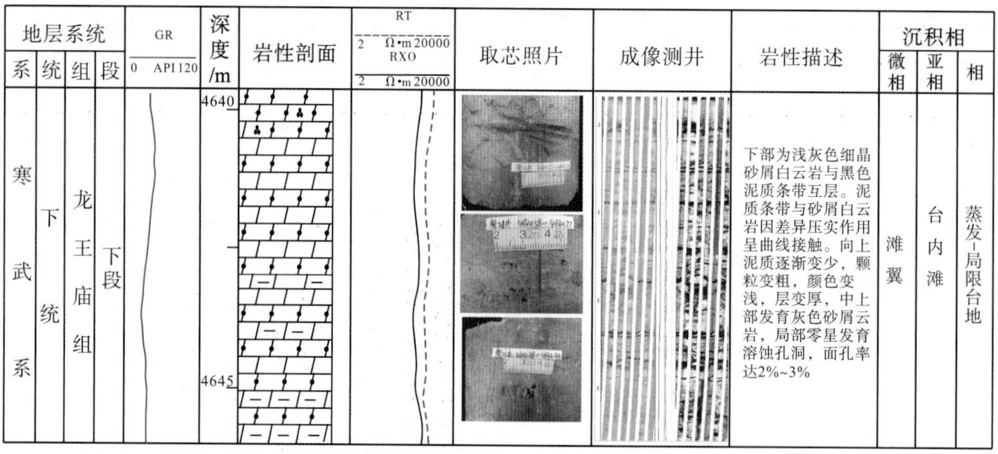

地层系统				GR	深度	岩性剖面	RT	取芯照片	成像测井	岩性描述	沉积相		
系	统	组	段	0　API 120	/m		2 Ω·m 20000　RXO　2 Ω·m 20000				微相	亚相	相
寒武系	下统	龙王庙组	下段		4640　　　4645					下部为浅灰色细晶砂屑白云岩与黑色泥质条带互层。泥质条带与砂屑白云岩因差异压实作用呈曲线接触。向上泥质逐渐变少，颗粒变粗、颜色变浅，层变厚，中上部发育灰色砂屑白云岩，局部零星发育溶蚀孔洞，面孔率达2%~3%	滩翼	台内滩	蒸发-局限台地

图 3-15　磨溪 21 井龙王庙组滩翼微相测井响应特征图

滩翼分布在滩核的四周，属于滩主体与滩间洼地之间的过渡部位，形态常呈指状，是滩核堆积产物的扩散地，水动力条件明显低于滩核。滩翼沉积厚度薄，小型透镜体较多，沉积物主要由薄层颗粒白云岩与深灰色泥晶白云岩呈指状交叉互层产出(图 3-14a)。滩翼部位可发育小型交错层理及递变层理，颗粒白云岩与泥晶白云岩之间常可见冲刷侵蚀突变面(图 3-14b)。

滩翼部位的颗粒岩主要为薄层深灰色泥晶砂屑白云岩，偶夹薄层亮晶砂屑白云岩、亮晶鲕粒白云岩。滩翼微相中颗粒岩累计厚度较小，单层颗粒岩厚度一般小于 1m；其颗粒粒径小于滩核，一般小于 0.5mm，颗粒的分选、磨圆中等(图 3-14c)；粒间充填物中泥晶和亮晶均有，但泥晶的含量一般多于亮晶。滩翼沉积物在沉积时也含有一定的原始粒间孔、晶间孔，但由于滩翼细粒物质较多，抗压实能力较弱，在后期成岩压实过程中孔隙大幅减少，后期溶蚀改造作用相对较弱。因而与滩核相比，滩翼的次生孔隙较少、储集性能中等，但也不失为一种较有利于储层形成与演化的沉积微相。在成像测井上滩翼微相表现为明显的亮色低电导夹暗色高电导异常(图 3-15)。

3. 滩间洼地

滩间洼地位于两个或多个滩主体之间的水下低洼处，海水受限但没有完全封闭，水体能量低，不利于厚层颗粒岩的堆积，沉积物以致密块状深灰色含颗粒泥晶云岩为主(图 3-16a)，夹少量泥质纹层及薄层异地滚落的颗粒白云岩(图 3-16b)。沉积物中常发育水平层理、生物扰动和膏质假结核(图 3-16c)，泥质条带和白云岩互层而形成的眼球状或似眼球状变形构造(图 3-16d)。

滩间洼地微相沉积物泥质含量相对增加，电测曲线上其自然伽马值较高，深浅双侧向电阻率值较低，差异较小；在成像测井上，滩间洼地微相表现为纹层状暗色低电阻响应特征，偶尔可夹一些亮色高电阻的颗粒岩(图 3-17)。由于滩间洼地水动力条件相对较弱，沉积物中具有大量的细粒物质，颗粒较少，其中的晶间孔等原生孔隙经过后期强烈压实作用后基本消失，后期有利于次生孔隙形成的溶蚀作用等难以在其中进行，最终导致物性变差。因此，滩间洼地是台内滩环境中不利于储层形成与演化的沉积相带。

图 3-16　川中地区下寒武统龙王庙组滩间洼地微相沉积特征图

a. 深灰色块状含颗粒泥晶白云岩，磨溪 21 井，4638.55～4638.84m；b. 灰色含泥质泥晶云岩，夹泥质纹层，含生物扰动构造及石膏假结核，磨溪 202 井，4711.14～4712.37m；c. 灰色泥晶云岩，含泥质纹层，发育少量膏质假结核，磨溪 13 井，4588.73～4588.94m；d. 灰色泥晶白云岩夹泥质纹层，眼球状构造，磨溪 12 井，4685.45～4685.65m

地层系统				深度/m	GR O API 150	岩性剖面	RXO 2 Ω·m 20000 RT 2 Ω·m 20000	照片	成像测井	岩性描述	沉积相		
系	统	组	段								微相	亚相	相
寒武系	下统	龙王庙组	下段	4675 4680 4685						灰褐色深灰色泥质泥晶云岩夹泥质条带，局部发育石膏结核，可见生物扰动构造	滩间洼地	台内滩	蒸发—局限台地

图 3-17　磨溪 12 井龙王庙组滩间洼地微相测井响应特征图

3.2.4　潟湖

潟湖亚相位于台地内低洼平坦的地方，具有面积较大、水体较深、能量较低、水体循环受限等环境特点，常位于大型滩体或地貌隆起带之间。结合区域沉积背景可知，川中地区在早寒武世龙王庙期，受乐山—龙女寺水下古隆起影响，隆起周围低洼部位水体深且局限，常发育潟湖亚相。纵向上，潟湖亚相常发育在龙王庙组底部，为沉积水体最深时的产物；平面上，研究区内座 3 井、自深 1 井等井区均可见典型潟湖沉积。潟湖环境水体深度和水体局限程度不同导致沉积物类型不同，因此本书可根据不同的沉积岩类型将潟湖进一步分为泥云质潟湖、膏（云）质潟湖和云灰质潟湖等微相。

1. 泥云质潟湖

泥云质潟湖是指主要以沉积泥质云岩为主的潟湖微相，该微相在研究区龙王庙组底部分布较广，沉积产物以深灰色—灰色厚层泥质白云岩和泥质泥晶白云岩为主，夹泥质条带（图 3-18）。潟湖中常有局限海环境的生物群落，如有孔虫和小壳等生物化石，形成一些含完整生物的泥质泥晶云岩中，生物扰动、钻孔等生物作用痕迹保存较好。

图 3-18 研究区下寒武统龙王庙组泥云质潟湖沉积特征

a. 含泥质泥晶云岩，广探 2 井，5704.62～5704.75m；b. 含泥质泥晶白云岩夹薄层介壳层，含石膏假结核，广探 2 井，5700.89m；c. 含泥质泥晶白云岩，泥质纹层发生变形，发育生物扰动、生物钻孔等特殊构造，磨溪 12 井，5680.41m；d. 含泥质泥晶白云岩夹砾屑层，生物扰动、钻孔等发育，磨溪 17 井，4680.04～4680.23m.

同时由于潟湖水体局限，蒸发形成的高密度 $CaSO_4$ 流体在重力作用下由高部位向低注处聚集，形成一些膏质结核，石膏溶解后形成的膏模孔（洞）后期被白云石充填。泥云质潟湖以发育石膏结核等局限环境的产物为特征，见水平层理和少量生物扰动构造，膏质和泥质含量较滩间注地微相明显增多，表明水动力条件较弱，水体循环差。

泥云质潟湖微相沉积时水体能量低，沉积物含有较多的泥质，在电测曲线上具有高的自然伽马值，电阻率呈现低值，深浅双侧向电阻率几乎无差异（图 3-19）。虽然泥云质潟湖沉积物原始孔隙较多，但经过强烈的压实作用后岩性变得致密，几乎没有孔隙得以保留。同时在重结晶过程中，由于富含一定数量的黏土泥也阻碍了重结晶作用的进行，因而其中的晶粒云岩多为晶粒细小的泥晶白云岩、泥-粉晶白云岩，内部晶间孔也十分细小，多属于连通性极差的无效孔隙。因此，泥云质潟湖微相是不利于储层形成与演化的沉积相带。

地层系统				深度 /m	GR 0 API 120	岩性剖面	RXO 1 Ω·m 10000 RT 1 Ω·m 10000	岩性照片	岩性描述	沉积相		
系	统	组	段							微相	亚相	相
寒武系	下寒武统	龙王庙组	下段	5690 5695 5700 5705 5710					深灰色含泥质泥晶云岩与深灰色泥质条带互层，发育石膏结核及生物钻孔。5697.65m见10cm左右的介壳层，部分层段夹厚度8cm左右的核形石，层下见明显冲刷面	泥云质潟湖	潟湖	蒸发—局限台地

图 3-19 广探 2 井龙王庙组泥云质潟湖沉积特征图

2. 膏（云）质潟湖

膏（云）质潟湖水体极度受限，几乎无流动，强烈的蒸发作用导致高浓度水体滞留并聚集在低注深水的环境。膏（云）质潟湖沉积物主要以厚层块状石膏岩和含膏质的白云岩组成。四川盆地龙王庙组膏（云）质潟湖集中分布在川东凹陷区（姚根顺等，2013），沉积水体深，局限台地内受蒸发作用形成的高盐度 $CaSO_4$ 水体全部向川东凹陷带聚集，形成了较厚的石膏岩。川中地区膏(云)质潟湖主要发育在座 3 井区、阳深 2 井区,其中座 3 井沉积了近 60m 的石膏岩,石膏易发生塑性变形,在地震和测井响应上均具有明显的响应特征(图 3-20)。

石膏岩在电测曲线上主要以平缓的低自然伽马值为特征,深浅侧向电阻率曲线特征不明显,但在钻井过程中由于石膏极易破碎垮塌,泥浆进入地层造成地层电阻率值发生变化,正常情况下电阻率对膏岩响应不明显。石膏岩往往可作为良好的盖层。

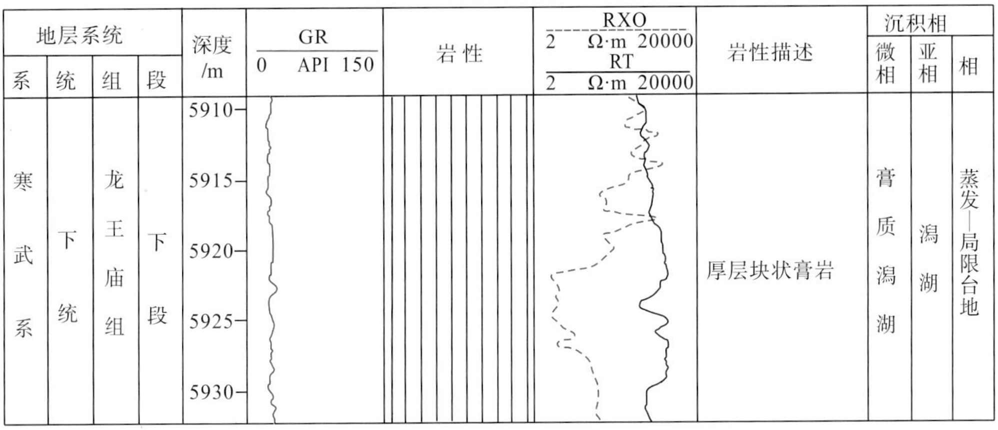

图 3-20　座 3 井龙王庙组膏质潟湖沉积特征图

3. 云灰质潟湖

云灰质潟湖微相主要发育在自深 1 井井区内,该微相位于局限台地内水体局限—半局限的低洼地貌,水体流通性较上两者略好,岩性主要是一套厚层的深灰色白云质灰岩和晶粒白云岩互层,含少量泥质,自然伽马值明显升高(图 3-21)。该微相沉积物白云岩化作用较弱,同时在距此不远处的螺观场及盘龙场龙王庙组内部也见到部分灰质组分,表明早寒武世龙王庙期,自贡—隆昌一带为海水盐度较周围正常的低能环境。

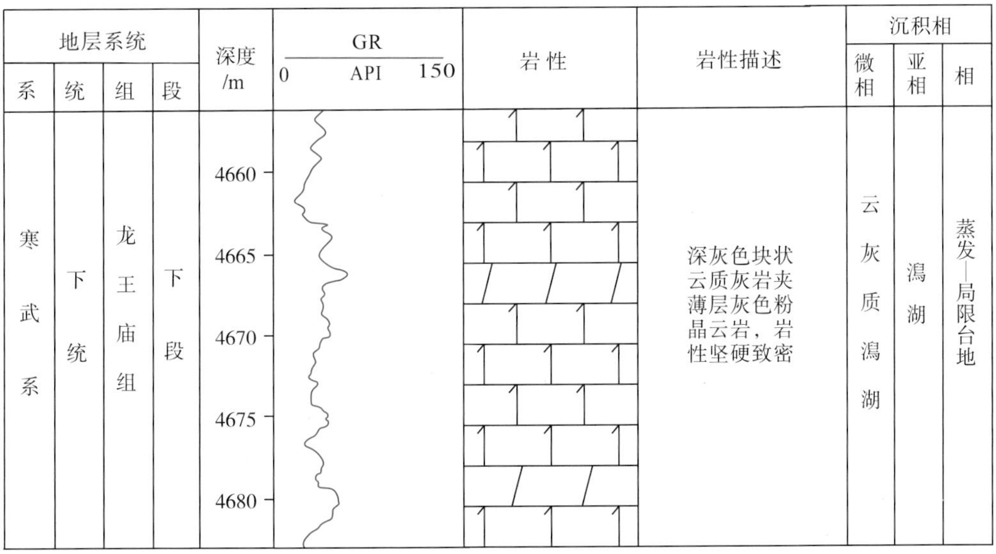

图 3-21　自深 1 井龙王庙组云灰质潟湖沉积特征图

3.3　沉积相分布

3.3.1　纵向分布

在对龙王庙组各沉积相(亚相、微相)特征研究的基础上,综合考虑台内滩体受控因素,对研究区龙王庙组开展了单井沉积相划分,并对滩体的叠置组合及纵向分布进行了深入分析(图 3-22,图 3-23)。

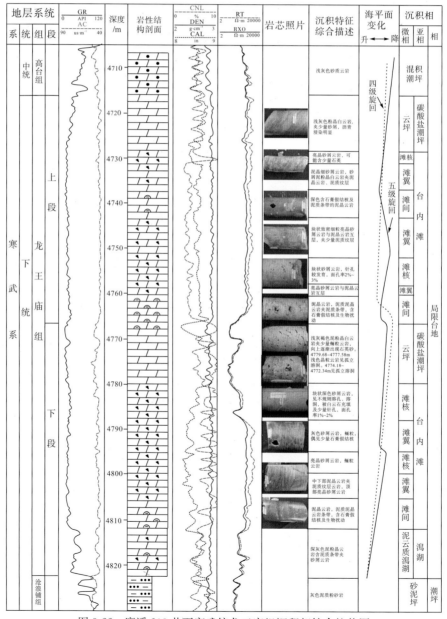

图 3-22　磨溪 203 井下寒武统龙王庙组沉积相综合柱状图

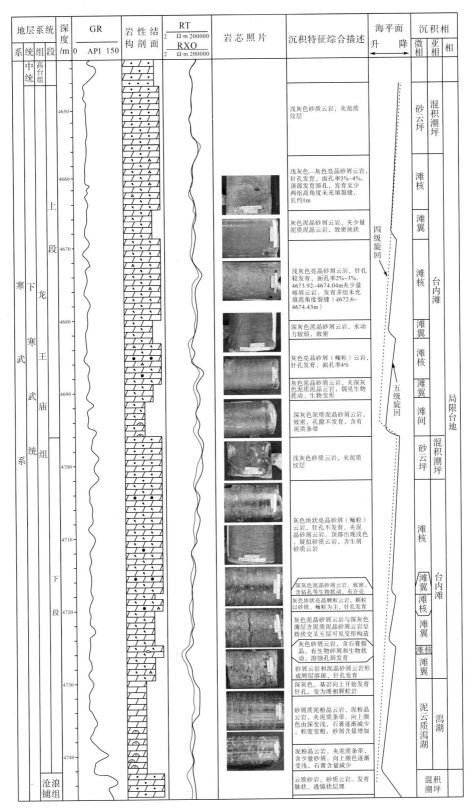

图 3-23 高石 23 井下寒武统龙王庙组沉积相综合柱状图

　　（1）通过对单井沉积相的研究认为，研究区龙王庙组形成于碳酸盐台地内部的局限台地之中，并主要发育混积潮坪、碳酸盐潮坪、台内滩及潟湖等亚相，其中台内滩又多发育砂屑滩和鲕粒滩。研究区台内滩由于微古地貌差异形成不同的滩体规模和相应的岩性组合，根据沉积产物特征以及水体能量的变化和海平面的振荡特征可进一步将其划分为滩核、滩翼以及滩间洼地。

　　（2）纵向上，龙王庙组由下至上经历了两次四级海平面升降旋回，且每次海平面变化均是从快速海侵开始到缓慢海退结束，分别对应了龙王庙组上段和下段沉积。每一个沉积旋回都经历了由潟湖—台内滩—碳酸盐潮坪、混积潮坪的沉积环境的变迁。

　　（3）研究区龙王庙组纵向演化序列为：龙王庙组早期，第一次旋回的快速海侵作用导致龙王庙组下段底部发育低能的潟湖相沉积，岩性以泥质泥晶白云岩为主，并在横向上分布较为稳定，容易追踪对比，说明潟湖经历了一个较长的发育时期；随后，海平面开始下降，水体变浅、能量增强，堆积的产物中泥质变少、颜色变浅、层变厚，呈典型的逆粒序递变；在该次海平面下降的中晚期，主要堆积了一套滩相沉积，由下至上颜色变浅，层变厚，由泥晶砂屑云岩过渡为溶蚀孔洞发育的亮晶砂屑云岩，偶见鲕粒云岩。龙王庙中晚期，经历第二期沉积旋回，且第二期旋回的沉积特征与第一期旋回类似，不同的是沉积水体较第一期旋回沉积时更浅，堆积的滩体更厚。第二期旋回顶部沉积的是一套灰白色细粉晶云岩、含砂质云岩，为浅水低能的云坪或混积潮坪沉积环境。

3.3.2　横向分布

　　在单井沉积相分析基础上，充分利用岩芯和电性测井资料进行对比，建立了研究区龙王庙组沉积相连井对比（图3-24，图3-25，图3-26）。通过研究各微相不同岩性厚度及沉积微相在剖面上的变化规律，结合研究区所处的构造位置及沉积演化背景，对研究区各剖面沉积相进行了划分与对比研究，确定了龙王庙期沉积相在剖面上的分布格架与演化规律。

　　（1）川中地区下寒武统龙王庙组沉积相具有自西向东陆源减少，沉积水体逐渐变深的趋势（图3-24）。在研究区西边靠近陆源的资阳地区，陆源供应丰富，主要沉积了一套混积岩，向东至磨溪—女基井区水体变干净，主要沉积了一套颗粒白云岩以及晶粒白云岩，继续向东至座3井区，水体局限，沉积了一套厚层的膏岩。沉积相带由西向东为混积潮坪（或碳酸盐潮坪）—台内滩—泥云质潟湖—膏质潟湖逐渐过渡。

　　（2）在近南北向上，龙王庙组沉积相发育稳定（图3-25），不同于常规台内滩分布的随机性，研究区龙王庙组台内滩分布极具规律性，总体特征为绕水下古隆起向广海一侧呈环带状分布。因此，在连井对比中，可见磨溪、高石梯等区块滩体具有连片的特征。

　　（3）早寒武世龙王庙组沉积时具有两次成滩期，而每一次成滩期在研究区均发育了多个滩体（图3-26），单滩体规模均较大，发育密度较高。同一个成滩期内，滩体具有明显的向东迁移的特征，沉积相连井对比图上呈现出由西向东滩体逐渐向上抬升的趋势，表明随海平面的下降，滩体开始由浅水区向深水区迁移。

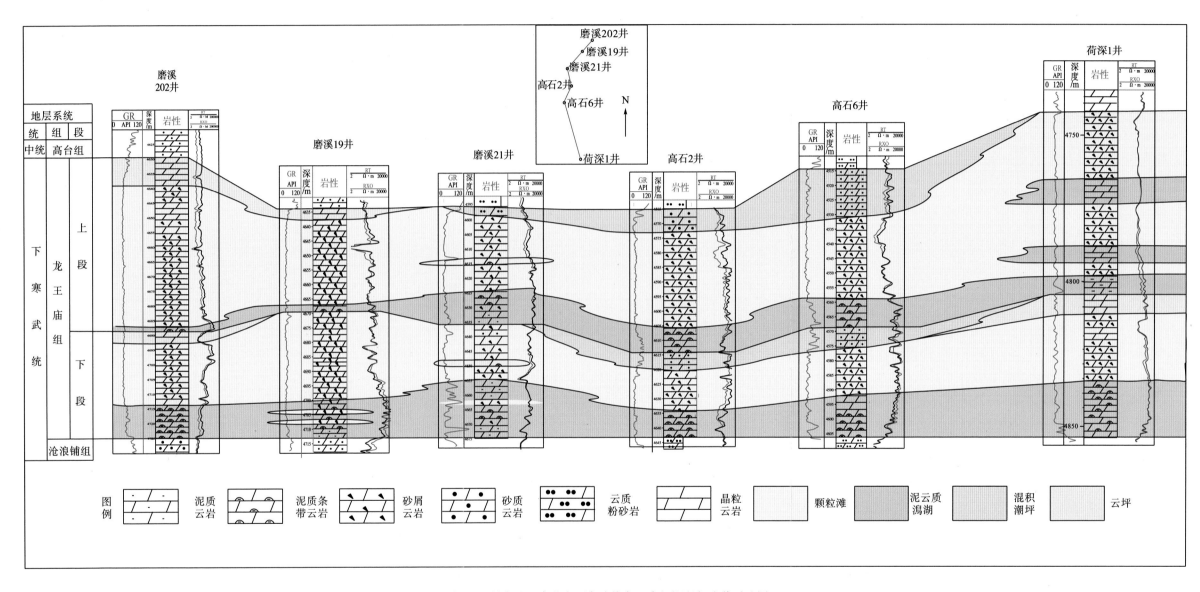

图3-25 川中地区南北向下寒武统龙王庙组沉积相连井对比图

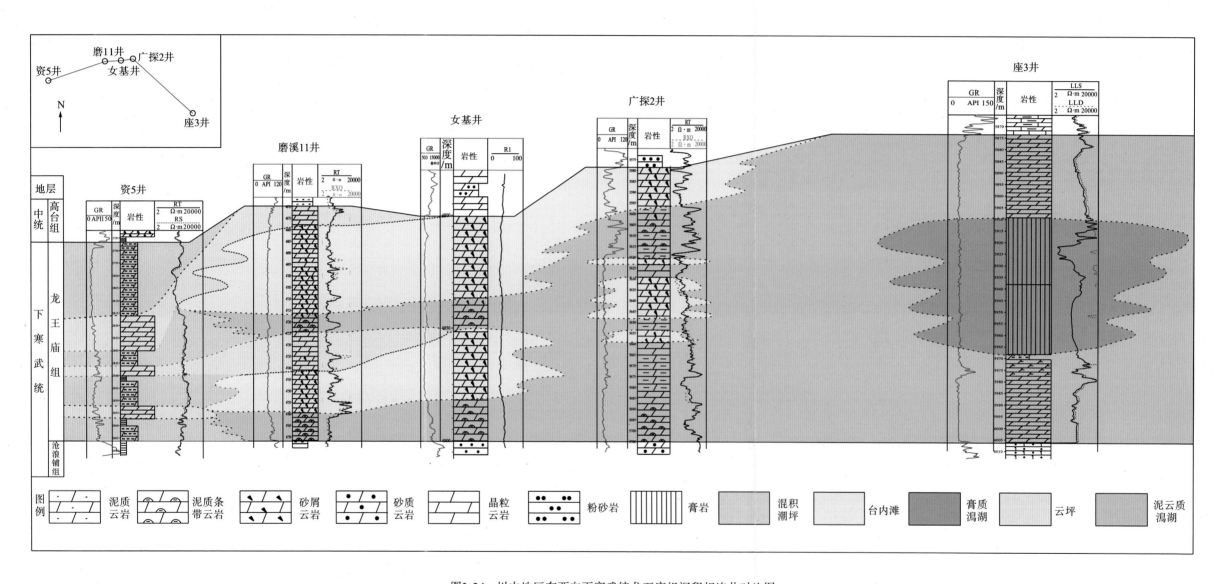

图3-24 川中地区东西向下寒武统龙五庙组沉积相连井对比图

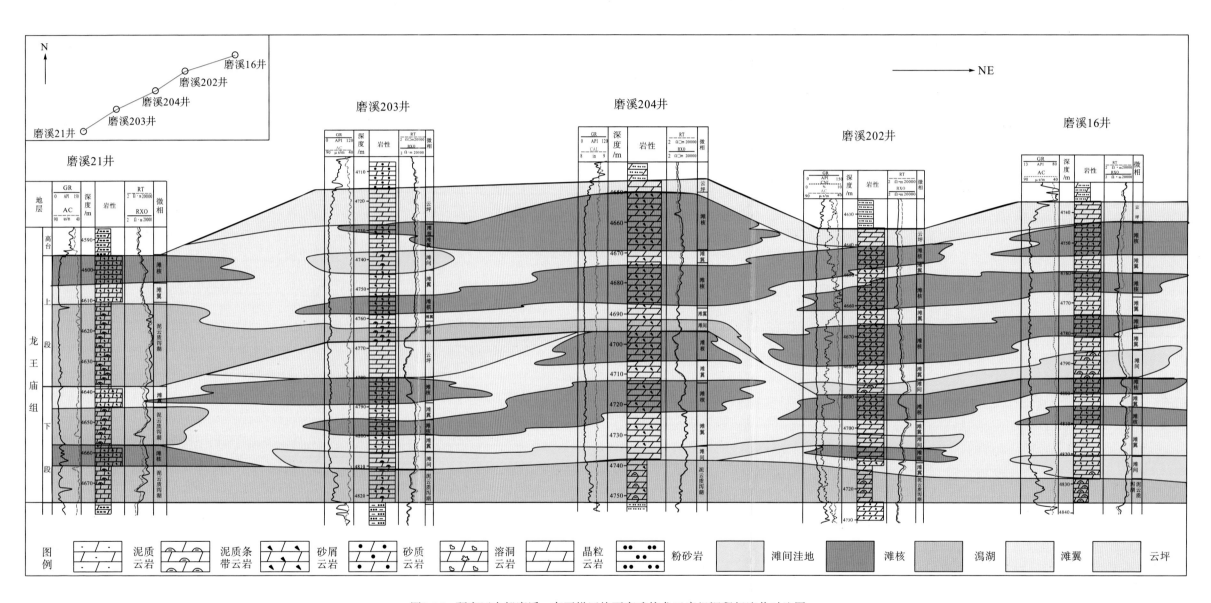

图3-26　研究区中部磨溪—高石梯区块下寒武统龙王庙组沉积相连井对比图

3.3.3　平面分布

通过单井相及连井相分析对比，结合四川盆地龙王庙期沉积背景，通过地层厚度、颗粒岩厚度、颗地比等单因素的分布规律来定量分析龙王庙期不同时间段的沉积相，采用优势相原则综合表征川中地区不同时期沉积相的分布规律。其中，本书将台内滩亚相颗地比在0.7~1的称之为滩核微相，0.5~0.7的为滩翼微相，小于0.5的为滩间洼地微相。

1. 龙王庙组下段

研究区龙王庙组下段颗粒岩厚度整体具有西厚东薄的特点，与该段的地层厚度趋势相反。通过计算颗地比值发现，研究区颗地比在中部磨溪—高石梯地区、西部威远—资阳地区以及荷包场一带呈现高值，颗粒岩厚度一般大于40 m，颗地比均大于0.5（图3-27）。在磨溪—高石梯的局部地区，如在磨溪201井—磨溪9井—磨溪20井井区以及磨溪8井—磨溪205井一线颗粒岩厚度高达50 m，颗地比在0.8以上。在研究区东部及南部的自深1井、阳深2井以及座3井区地层厚度较厚，但颗地比值都小于0.1，表明该区域虽然沉积水体深，可容纳空间大，沉积物厚度也较大，但能量低，颗粒岩厚度小，颗地比值低。

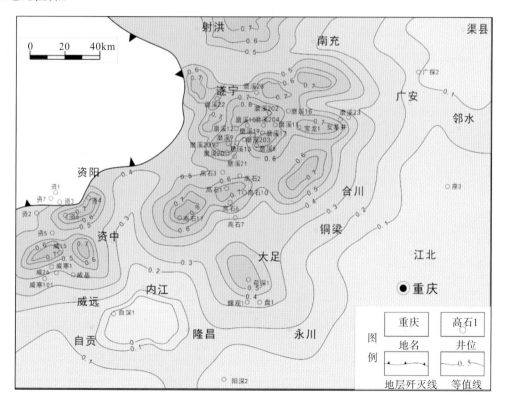

图3-27　研究区下寒武统龙王庙组下段颗地比等值线图

早寒武世龙王庙早期，研究区经历了一次海平面下降过程，水体变浅，整个研究区处于局限台地之中，主要堆积了一套白云岩沉积物。在研究区中—西部地区主要发育了台内滩亚相，其中在磨溪区块磨溪 201 井—磨溪 9 井—磨溪 20 井一带，以及磨溪 205 井—磨溪 17 井—磨溪 8 井一带堆积的颗粒岩厚度及颗地比均较大，属于台内滩环境中的滩核微相，向四周逐渐过渡为滩翼微相(图 3-28)。高石梯地区高石 1 井和高石 17 井发育滩核微相。这些滩核均发育在台内滩中的微地貌高地上，滩核外缘发育滩翼，两个小滩体之间的低洼处为滩间洼地。此外在资阳—威远地区也发育了颗粒滩，在资 6 井、威 15 井等局部地区发育滩核微相。在自深 1 井井区出现一个局部颗地比极低值，结合该井岩性发现在台内滩周围常发育潟湖亚相，局部低洼部位可形成膏质潟湖。

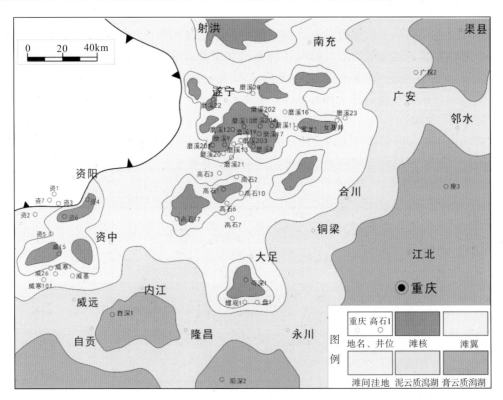

图 3-28 研究区下寒武统龙王庙组下段沉积相平面图

2. 龙王庙组上段

研究区龙王庙组上段颗粒岩厚度较下段更厚，颗地比值更高。整体而言，龙王庙组上段滩体的生长是在下段基础上的巩固和加强。颗粒岩厚度中心以及颗地比值高值具有明显向东偏移的趋势(图 3-29)。龙王庙组上段颗粒岩在磨溪地区磨溪 12 井—磨溪 10 井、磨溪 202 井—磨溪 16 井颗粒岩厚度最大，厚度超过 50 m，颗地比值高达 0.9；其次分布在磨溪 26 井、磨溪 8 井—磨溪 205 井附近，厚度一般超过 45 m，颗地比值普遍大于0.8；高石梯地区在高石 10 井以及高石 17 井厚度最大，大于 45 m，颗地比大于 0.8；威远地区颗粒岩厚度集中在威寒 1 井和威寒 101 井区内，颗地比可达 0.7 以上。

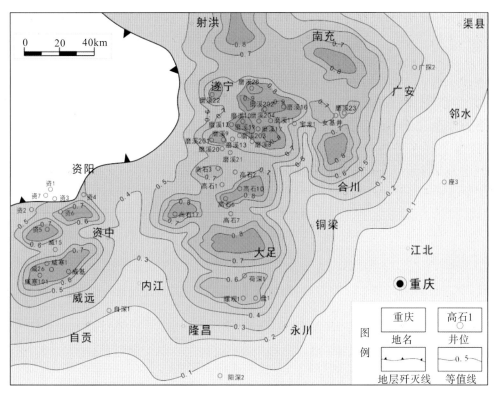

图 3-29　研究区下寒武统龙王庙组上段颗地比等值线图

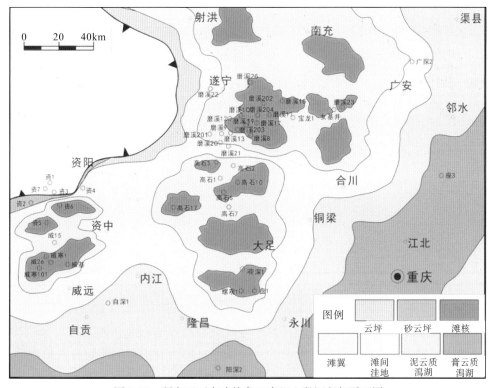

图 3-30　研究区下寒武统龙王庙组上段沉积相平面图

龙王庙中—晚期，磨溪—高石梯地区又开始了新一轮的次级海平面升降旋回，但总体水体深浅变化不大，主体还是处于局限台地环境中，堆积的是一套细粉晶云岩和颗粒云岩。平面上滩核的规模也明显扩大，主要集中在磨溪 12 井—磨溪 10 井井区、磨溪 16 井—磨溪 202 井—磨溪 19 井—宝龙 1 井井区、高石 17 井以及高石 6 井—高石 10 井井区、资 5 井—资 6 井区以及威寒 1 井—威寒 101 井区。总体而言，龙王庙组上段沉积时滩核微相是在龙王庙早期滩核的基础上发育并扩大。龙王庙组上段滩翼微相的面积也呈现出扩大的趋势，滩间洼地进一步缩小，潟湖亚相向东迁移，范围明显变小。整体而言，龙王庙组上段是在下段沉积的基础上继承性发展，上段沉积时海水向东缓慢退去，各沉积微相均具有向东迁移的趋势(图 3-30)。

3.4 沉积相模式与演化

1. 沉积相模式

在对川中地区龙王庙组单井沉积相研究基础上，通过沉积相横向对比及平面展布和演化分析，结合区域地质特征、沉积、古构造背景，按沉积相带的展布特征和规律，可归纳总结出川中地区龙王庙组近东西向的沉积相模式图(图 3-31)。

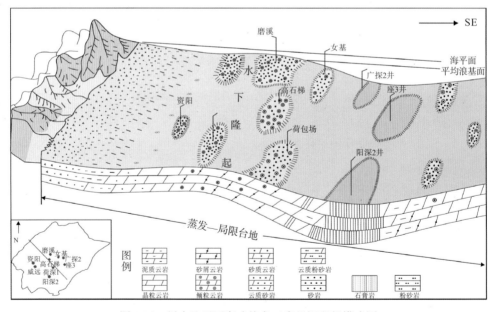

图 3-31 川中地区下寒武统龙王庙组沉积相模式图

早寒武世龙王庙期，川中地区主体位于连陆碳酸盐台地靠陆一侧的蒸发—局限台地之中，整体呈现为西浅东深的沉积格局。沉积期间，四川盆地西侧的康滇古陆为沉积盆地提供了一定数量的物源，由西向东沉积物由陆源碎屑含量极高的碎屑岩、混积岩逐渐过渡到质纯的碳酸盐岩。受当时乐山—龙女寺水下古隆起影响，陆源碎屑难以越过该隆起到达川中地区，因此在川中地区堆积的主要是碳酸盐岩沉积物。在古隆起东侧向广海方向的隆起斜坡部位，由于长期处于浪基面附近，整体能量相对于台内其他环境更高，发育了大套的台内滩沉积。从水下古隆起向东，水体变深且更加局限，堆积了大套厚层的膏质潟湖沉积物。在古隆起西侧由于隆起本身对波浪的遮挡和屏蔽导致西侧能量较古隆起东侧弱，加之水体浑浊含有较多的碎屑物质，因此，古隆起西侧边缘滩体较东侧发育的滩体规模小、数量少。在水下古隆起边缘向海一侧的浪基面附近（如磨溪、高石梯、资阳、威远乃至荷包场等局部地区），水体能量高，堆积了大套的颗粒滩。

由于微古地貌差异，台内滩的发育也具有明显的非均质性，不同地区滩体的大小、规模、岩性组合等都有差异。龙王庙组沉积期，川中地区在古隆起边缘向海一侧发育了许多单个滩体，由于海平面变化导致滩体在纵向上相互叠置。滩体规模及厚度最大的部位为滩核，向四周扩散生长的为滩翼，滩体之间的相对低洼处为滩间洼地。沉积时，当海平面升高，研究区水体变深沉积能量变弱，主要发育一些低能的小滩体以及局限潟湖。随着海平面下降，研究区位于浪基面附近，水体能量较强，以沉积高能的台内滩为主。当海平面下降到低点—较低点时，靠近物源区或位于古隆起高部位的地区在短时间内可位于平均高潮线以上，发育质地较纯的混积潮坪或碳酸盐潮坪沉积，主要由细粒的晶粒白云岩组成，靠近物源区的沉积岩含部分陆源石英。

2. 颗粒滩演化模式

碳酸盐岩台地内的地貌高地多距离浪基面较近，水动力条件较强，从而可发育颗粒滩沉积。而位于地貌高地的颗粒滩沉积速率始终较台内其他微相区沉积速率快（谭秀成等，2011），该地貌差异在沉积过程中将得到强化（夏吉文等，2007），因而可根据颗粒岩沉积厚度恢复沉积期微古地貌特征。研究区颗粒滩主要发育在磨溪—高石梯地区，同时该地区为目前重点研究区块，因此本书以磨溪—高石梯地区为例，根据单井沉积相的精细描述，在沉积相连井剖面对比的基础上，结合沉积相平面展布特征，建立了下寒武统龙王庙组颗粒滩的沉积演化模式（图 3-32）。

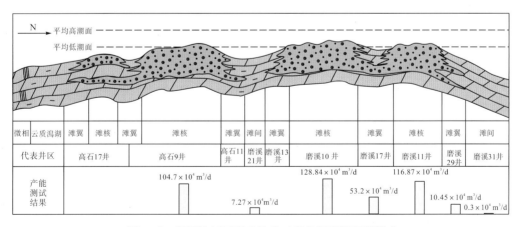

图 3-32　磨溪地区下寒武统龙王庙组沉积期沉积模式

这一沉积模式主要受控于沉积微古地貌及海平面升降变化。在浅水碳酸盐岩台地内，滩体主要发育于水下古地貌高地，海平面的相对升降造成滩体的垂向加积和侧向迁移（丁熊等，2012）。从已有钻井测试结果来看处于沉积微地貌高地即滩核部位的井测试产能均超过 $100 \times 10^4 \, m^3/d$，而微地貌低地尤其是滩间洼地部位的井测试产能多小于 $10 \times 10^4 \, m^3/d$，说明沉积微相与微地貌及测试产能关系密切。

第4章 储层特征

4.1 岩石学特征

川中地区下寒武统龙王庙组岩石类型多样，以白云岩为主，局部地区可发育灰岩、蒸发岩、碎屑岩以及其他过渡岩类(表4-1)。其中白云岩又主要由颗粒白云岩及晶粒白云岩组成，不同类型的白云岩其储集性能具有一定差异。研究区龙王庙组颗粒白云岩以及晶粒白云岩经过后期改造后一般都具有较好的储集性能，为区内龙王庙组主要的储集岩类型。

表 4-1 川中地区下寒武统龙王庙组岩石类型汇总表

岩石类型		储集性能	发育频率	分布区域	备注
颗粒白云岩	砂屑白云岩	好	高	研究区中部、西部均有分布，主要集中在磨溪、高石梯、资阳、威远地区	储集岩
	鲕粒白云岩	好	低—中		
	砾屑白云岩	中—差	低		
	豆粒白云岩	中—差	低		
	藻粘结白云岩	中	低		
晶粒白云岩	粉晶白云岩	中—好	高		
	细晶白云岩	好	高		
	中晶白云岩	低	低		
	泥微晶白云岩	差	高	研究区均有	非储集岩
灰岩	泥晶灰岩	差	低	螺观、盘龙场	
	生屑灰岩	差	低		
碎屑岩	砂岩、粉砂岩	差	低	资阳地区	
蒸发岩	石膏岩	差	低	座3井区	
其他岩类	泥质白云岩	差	中等	研究区均有	
	砂质白云岩	中—差	中等	研究区西部	
	假角砾白云岩	差	低	研究区中部	

4.1.1 颗粒白云岩

颗粒白云岩是川中地区下寒武统龙王庙组最主要的白云岩类型，包括了所有具有颗粒结构的白云岩。研究区颗粒白云岩厚度大，分布广，在龙王庙组中上部广泛发育，为高能沉积产物，出现在龙王庙期两次海退沉积旋回（龙王庙组下段和龙王庙组上段）的中上部。

通过大量的岩芯及薄片观察分析认为龙王庙组颗粒白云岩以砂屑白云岩占绝对优势，其次为砾屑白云岩；除内碎屑外，鲕粒白云岩也较为常见，偶见豆粒、藻砂屑等。本书按照颗粒类型将颗粒白云岩划分为以下几种类进行详细介绍。

1. 砂屑白云岩

砂屑白云岩宏观上为灰—褐色灰色块状，表面粗糙，具粒状结构（图 4-1a），溶蚀孔洞发育，呈"针孔"状、"蜂窝"状，平均面孔（洞）率为 3%～6%（图 4-1b），局部可高达 8%～10%。显微镜下颗粒以泥粉晶砂屑为主，含量 50%～80%，大小 0.2～0.5 mm，分选、磨圆较好（图 4-1c）。粒间充填物以粒状白云石胶结为主，胶结期次较难识别。砂屑白云岩经过后期强烈的溶蚀作用改造后，形成较多的粒间溶孔、铸模孔、粒内溶孔和不规则状溶洞（图 4-1d）。

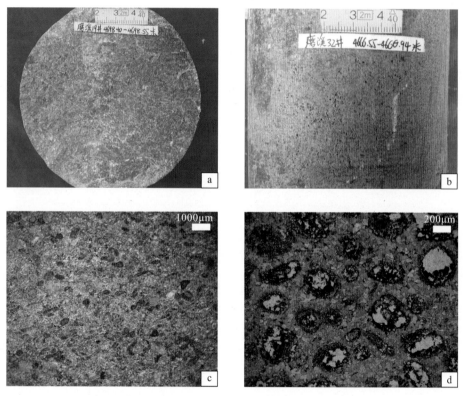

图 4-1　研究区下寒武统龙王庙组砂屑白云岩特征

a. 砂屑白云岩，岩芯，磨溪 19 井，4698.40～4698.55m；b. 鲕粒白云岩，针孔发育，岩芯，磨溪 32 井，4666.55～4666.94m；c. 砂屑白云岩，磨溪 19 井，4673.97～4674.12m，单偏光；d. 砂屑白云岩，粒内溶孔，磨溪 19 井，4631.03～4631.06m，单偏光.

砂屑白云岩在研究区内广泛发育，尤其在磨溪、高石梯、资阳、女基井等地区极为常见，纵向上在龙王庙组中上部呈厚层—块状产出，局部地区砂屑白云岩厚度可达60 m。

砂屑白云岩沉积时水动力相对较强，具有一定的原始粒间孔隙，这些孔隙为后期成岩流体提供了通道，溶蚀作用普遍较强，溶蚀孔洞较发育。砂屑白云岩为龙王庙组最有利的储集岩类型。此外，砂屑白云岩由于经历了较长的埋藏成岩改造，一部分经过重结晶作用形成了具有残余颗粒结构的晶粒白云岩，这些晶粒白云岩在阴极射线和荧光照射下可分辨出明显的颗粒结构，本书将这类岩石归为晶粒白云岩，将在后面的章节进行介绍。

2. 鲕粒白云岩

鲕粒白云岩手标本下呈灰—浅灰色块状，表面较粗糙，肉眼可见其颗粒结构，分选磨圆均较好(图 4-2a)，粒间常充填亮晶白云石，颜色较浅，溶蚀作用强烈，宏观上"针孔"发育(图 4-2a)。微观显微镜下，颗粒以鲕粒为主，含量约 70%～90%，分选磨圆好，鲕粒大小一般为 0.2～1mm(图 4-2b)，鲕粒多由泥晶—粉晶白云石构成，由于重结晶作用鲕粒同心纹层不明显，少部分鲕粒可见圈层结构。鲕粒白云岩粒间具有以纤状或短柱状白云石组成的栉壳环边和粒状亮晶白云岩胶结物(图 4-2c、图 4-2d)，颗粒间溶孔较发育。

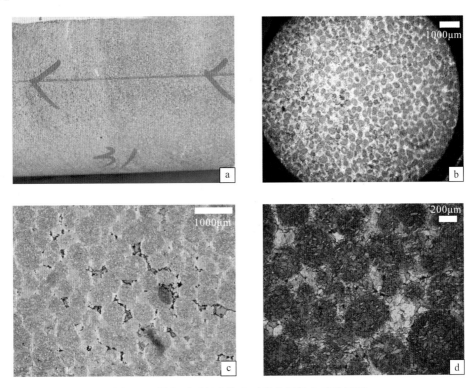

图 4-2　研究区下寒武统龙王庙组鲕粒白云岩特征

a. 鲕粒白云岩，针孔发育，磨溪 203 井，4804.18～4804.42m；b. 亮晶鲕粒白云岩，高石 6 井，4546.94m，单偏光；c. 鲕粒白云岩，粒间溶孔发育仅保留早栉壳状胶结物，高石 6 井，4546.07m，单偏光；d. 亮晶鲕粒白云岩，磨溪 19 井，4688.43m，单偏光.

亮晶鲕粒白云岩多作为薄互层产出于砂屑白云岩中，单层厚度一般小于 20cm，常形成于单个小旋回的顶部，为水动力最强时的沉积产物。鲕粒白云岩沉积时水体能量强，粘土等细粒物质较少，颗粒多为骨架支撑，具有较高的原始粒间孔隙，后期经过溶蚀改造可形成大量的孔洞，为较有利的储集岩类。

3. 砾屑白云岩

砾屑白云岩手标本呈灰—浅灰色，致密块状，砾石含量50%～70%，砾石大小2～50 mm不等，砾石分选较差，磨圆度一般—好。整体而言，龙王庙组砾屑形态各异，有呈椭球状、条状以及竹叶状等（图4-3a、图4-3b）。不同的砾屑结构能指示不同的成因环境：如磨溪12井龙王庙组底部见竹叶状砾屑白云岩（图4-3b），砾屑呈倒"八"字形排列，砾石大小较均匀，成分与下覆地层岩石成分一致，砾屑间充填深色细粒碎屑及泥质条带，为典型风暴成因。砾屑白云岩常呈薄层夹于其他白云岩地层中，厚度一般小于20cm。砾屑白云岩较为致密，储集性能较差，为研究区龙王庙组非储集岩类。

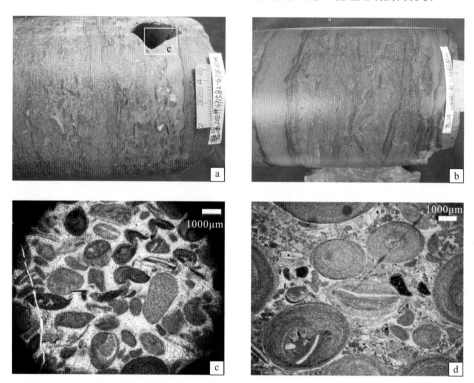

图4-3 研究区下寒武统龙王庙组砾屑白云岩特征

a. 砾屑白云岩，砾屑不规则，磨溪202井，4715.82～4716.02m；b. 竹叶状砾屑云岩，砾屑呈定向排列，磨溪12井，4685.65～4685.85m；c. 豆粒白云岩，分选磨圆较好，见同心圈层，磨溪202井，4715.93m，单偏光；d. 豆粒白云岩，粒间充填细粒内颗粒，磨溪19井，4709.24m，单偏光.

4. 豆粒白云岩

豆粒白云岩仅作为薄层形成于砂屑白云岩或鲕粒白云岩的顶部，指示水体能量较高。豆粒分选较好，粒间充填物为亮晶白云石（图4-3c），还有部分豆粒白云岩，颗粒分选较差，粒间充填泥质、泥晶白云石以及细粒内颗粒(图 4-3d)，这类豆粒白云岩形成环境可能与异地搬运快速沉积有关，即豆粒生长在浅水高能的沉积环境，由于风暴或地震等事件影响，地貌高地形成的各类颗粒(包括豆粒)滚落至低地未经分选便快速堆积，这类豆粒白云岩与其上下地层均呈侵蚀突变接触。

5. 藻黏结白云岩

藻黏结白云岩是研究区下寒武统龙王庙组一类非常特殊的岩石类型，仅在局部地区发育。藻黏结白云岩宏观上呈藻纹层或不规则团块状(图 4-4a、图 4-4b)，纹层间孔隙较发育，微观显微镜下，藻黏液常捕获砂屑、砾屑等内碎屑颗粒形成藻砂屑或藻砾屑并将其黏结成团块状(图 4-4c、图 4-4d)，粒间常充填一些亮晶白云石，藻黏结格架之间孔隙较发育。

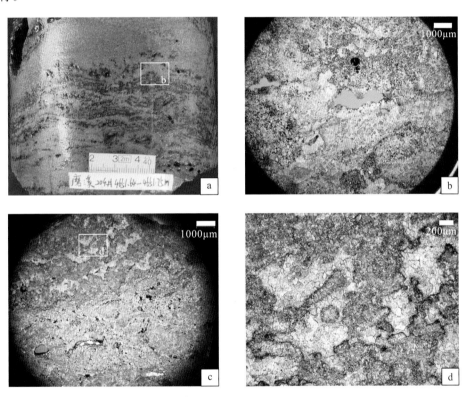

图 4-4　研究区下寒武统龙王庙组藻粘结颗粒白云岩特征

　　a. 藻纹层白云岩，顺纹层发生溶蚀，磨溪 204 井，4651.64～4651.75m；b. 藻黏结白云岩，磨溪 204 井，4651.68m，单偏光；c. 藻黏结颗粒白云岩，黏结格架孔发育，磨溪 204 井，4684.31m，单偏光；d. 藻黏结颗粒白云岩，图 c 局部放大，磨溪 204 井，4684.31m，单偏光.

上述 5 种颗粒白云岩的基本特征反映如下相似的沉积条件：①沉积时水体能量相对较高，表现在颗粒白云岩岩性较粗，颗粒的分选、磨圆普遍中等—好，粒间填隙物中亮晶含量多于泥晶。②沉积水体相对较浅，表现在颗粒白云岩岩石色调相对于静水泥晶白云岩明显偏浅。③不同的颗粒白云岩沉积时的水动力条件亦有一定的差异，其中鲕粒白云岩和豆粒白云岩形成水动力最强且最稳定，砂屑白云岩水动力较强，砾屑白云岩形成环境多与风暴等事件性沉积有关，藻黏结颗粒白云岩相对上述四类颗粒白云岩而言，其沉积水动力相对较低。④颗粒白云岩普遍具有较高的孔隙度与渗透率，可作为良好的储集岩类。

4.1.2 晶粒白云岩

晶粒白云岩是指主要由白云石晶粒组成的白云岩。根据晶粒的大小又可进一步分为泥（微）晶白云岩、粉晶白云岩、细晶白云岩和中晶白云岩。

1. 泥（微）晶白云岩

泥晶白云岩亦称为微晶白云岩，深灰色或灰黑色薄层—块状，岩石表面细腻较光滑，含有少量保存较完好的生物化石和大小为 $0.2\sim10mm$ 的圆形石膏结核，水平层理发育。微观镜下，泥微晶白云岩主要由他形的泥晶白云石构成，晶体大小为 $20\sim50\mu m$，平均 $40\mu m$（图 4-5a）。泥微晶白云岩在阴极射线下发极弱的暗红色光（图 4-5b）。泥晶白云岩广泛发育在研究区下寒武统龙王庙组中下部，岩性致密，几乎无孔隙发育，其基本特征反应该类白云岩形成于局限静水环境。泥晶白云岩储集性能极差，非龙王庙组储集岩类。

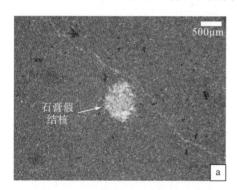

图 4-5　研究区下寒武统龙王庙组泥微晶白云岩特征

a. 泥微晶白云岩，含石膏假结核，磨溪 21 井，4667.27m，单偏光；b. 泥晶白云岩，阴极发光下发极弱暗光，荷深 1 井，4746m，阴极发光。

2. 粉晶白云岩

粉晶白云岩宏观上呈灰—浅灰色中—薄层状，岩性较致密。微观显微镜下，粉晶白云岩晶粒大小为 $10\sim100\mu m$，以半自形—他形为主（图 4-6a）。粉晶白云岩可根据晶粒大小进一步分为细粉晶白云岩和粗粉晶白云岩，两种晶粒成因不同。细粉晶白云岩晶粒大小为 $10\sim50\mu m$，表面较干净，晶体以他形为主，岩性较致密，几乎无晶间孔发育。这类白云岩主要形成于浅水低能的云坪环境，以化学沉淀为主，原始孔隙度较低，后期改造较难。

粗粉晶白云岩由晶粒半径为 $50\sim100\mu m$ 的半自形白云石晶体组成，具有雾心亮边结构，薄片下常可见残余颗粒结构或颗粒幻影，具有一定数量的晶间孔隙（图 4-6b）。此类粉晶白云岩多认为是砂屑白云岩或鲕粒白云岩经过白云岩化和重结晶等破坏原始结构的成岩作用形成的，由于颗粒岩沉积时孔隙较多，受后期成岩作用改造，粗粉晶白云岩溶蚀孔洞均较发育，为研究区龙王庙组有利的储集岩类。

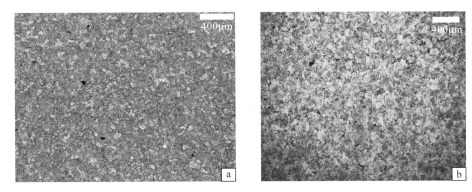

图 4-6　研究区下寒武统龙王庙组粉晶白云岩特征

　　a. 细粉晶白云岩，晶粒直径 20～40μm，他形，磨溪 13 井，4637.34m；b. 粗粉晶白云岩，晶粒直径 80～120μm，半自形，具雾心亮边，晶间孔发育（蓝色为孔隙），荷深 1 井，4754.82m，铸体薄片

3. 细晶白云岩

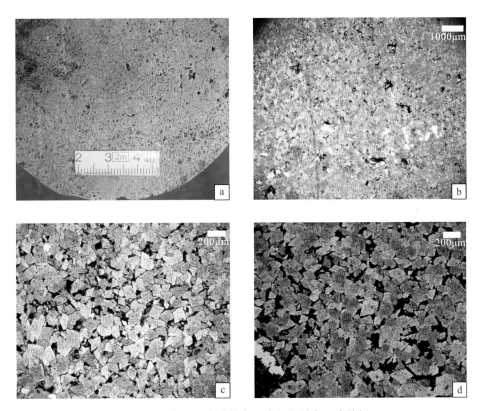

图 4-7　研究区下寒武统龙王庙组细晶白云岩特征

　　a. "砂糖状"细晶白云岩，孔隙发育，磨溪 204 井，4667.92～4668.05m；b. 细晶白云岩，晶间孔、溶孔发育，磨溪 204 井，4677.33m，单偏光；c. 细晶白云岩，晶间孔发育，磨溪 204 井，4677.33m，单偏光；d. 细晶白云岩，晶间孔被沥青全充填，磨溪 202 井，4659.23～4659.53m，单偏光

灰色—灰褐色，中—厚层块状，主要由细晶白云石构成，沉积结构等已遭受破坏，难以看出其结构。细晶白云岩中孔隙较发育，宏观上呈现为"砂糖状"白云岩（图4-7a），晶间孔、溶扩孔较多（图4-7b）。微观镜下，白云石晶粒半自形—自形为主，晶间孔极为发育（图4-7c）。细晶白云岩因其发育良好的晶间（溶）孔成为研究区龙王庙组主要的储集岩类。

细晶白云岩的成因与粗粉晶白云岩成因相似，通过研究认为此类白云岩由早期颗粒岩经过白云岩化及重结晶作用形成。细晶白云岩中通常保留了非常明显的颗粒残余结构及颗粒幻影（图4-7b）。在颗粒岩的基础上，丰富的原生孔隙及有利的流体通道为细晶白云岩的生长提供了优越条件，细晶白云岩的晶粒间空间充足，因此晶体自形程度较好。与此同时，在有机质成熟过程中，细晶白云岩中的孔隙可作为液态烃储渗空间，晚期热裂解形成沥青残余保留在部分细晶白云岩的晶间孔隙中（图4-7d）。

4. 中—粗晶白云岩

浅灰—灰褐色，中—厚层块状，主要由他形—半自形中晶白云石组成（图4-8a）。中晶白云岩具有颗粒幻影，晶粒较细晶白云石更粗，晶粒间也更加致密，孔隙较少。颗粒经过重结晶作用后已基本无原始沉积结构特征，偶见颗粒幻影，晶粒通常具有雾心亮边结构，边缘具有明显溶蚀痕迹，粒间充填沥青（图4-8b）。表明中晶白云石的形成早于液态烃充注时期。

图4-8　研究区下寒武统龙王庙组中晶白云岩特征

a. 中晶白云岩，晶间孔隙发育，磨溪204井，4667.71m，单偏光；b. 中晶白云岩，晶间充填沥青，磨溪202井，4660.68m，单偏光

4.1.3　其他非储集岩类

1. 假角砾白云岩

假角砾白云岩主要发育在研究区中部靠近早寒武世龙王庙期剥蚀窗的地区。基质白云岩破碎为大小不一的角砾，粒间充填有渗流粉砂、白云石晶屑、泥质等（图4-9）。白云岩基岩破碎但并未发生搬运，为原地堆积。研究区龙王庙组假角砾白云岩与加里东期区

域抬升造成的表生岩溶作用有关。此类白云岩孔隙不发育，仅有极少的角砾间孔隙未被充填残留，总体而言储集性能差，为非储集岩。

图 4-9　研究区下寒武统龙王庙组溶蚀假角砾白云岩特征

　　a. 溶蚀假角砾岩，砾间充填白云石晶屑、沥青等，磨溪 202 井，4657.81～4658.02m；b. 溶蚀假角砾，基岩溶蚀但未垮塌，磨溪 202 井，4653.68m，单偏光

2. （含）泥质白云岩

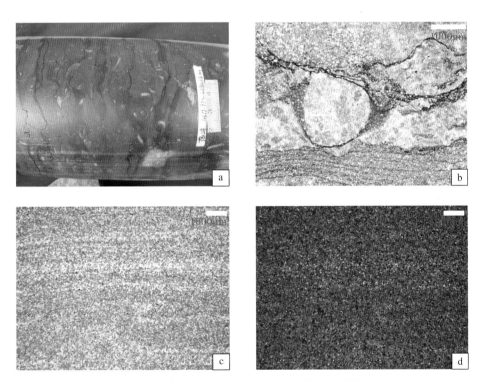

图 4-10　研究区下寒武统龙王庙组泥质白云岩与砂质白云岩特征

　　a. 泥质白云岩，生物钻孔，磨溪 12 井，4680.14m；b. 含泥质白云岩，生物扰动构造，磨溪 12 井，4678.73m，单偏光；c. 砂质白云岩，高石 10 井，4671.71m，单偏光；d. 照片 c 的正交光照片

　　（含）泥质白云岩为深灰色或灰黑色，厚层—薄层状，以中厚层状为主。泥质白云岩常位于两次沉积旋回的最底部，处于水体相对较深的静水沉积环境，为海侵产物。（含）

泥质白云岩伴生有膏盐类假晶，并被后期白云石交代充填，含较多的泥质，呈条带状分布，偶见生物逃逸孔、生物钻孔(图 4-10a、图 4-10b)。其基本特征反应该类白云岩形成于局限较静水环境中。

3. 砂质白云岩

砂质白云岩呈浅灰色中—厚层为主，主要分布于研究区西部及中部局部地区如高石梯，纵向上发育于龙王庙组上段及下段的顶部，形成于混积潮坪环境。砂质白云岩岩性致密坚硬，微观显微镜下可见较多的陆缘石英颗粒及少量泥质(图 4-10c、图 4-10d)，白云石晶粒一般为泥—细粉晶，晶间孔和晶间溶孔较少，且孔隙微小、连通性差，为非储集岩。

4. 灰岩

川中地区下寒武统龙王庙组灰岩仅在研究区东南部螺观场、盘龙场等局部地区发育，主要岩石类型有深灰色生屑泥晶灰岩、泥晶灰岩、云质灰岩等，其中生屑类型主要为腹足、双壳、介形虫、三叶虫的碎片(图 4-11a、图 4-11b)。泥晶灰岩的分布相对最为广泛，主要发育在龙王庙组早期研究区较开阔的静水环境。研究区灰岩主要沉积于台地内台内滩与潟湖过渡的斜坡部位，盐度正常，能量相对较低。灰岩岩性较致密，储集性能差。

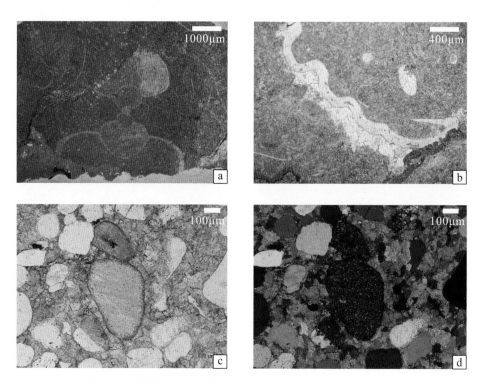

图 4-11　研究区下寒武统龙王庙组灰岩及碎屑岩岩石学特征

　　a. 生物泥晶灰岩，螺观 1 井，4830m，单偏光；b. 含生屑泥晶灰岩，三叶虫碎片，螺观 1 井，4836m，单偏光；c. 云质砂岩，乐山范店，单偏光；d. 云质砂岩，乐山范店，正交光

5. 碎屑岩

四川盆地西部边缘潮坪环境沉积了大量的碎屑岩，但对于研究区而言，仅在西边资阳地区混积岩中见少量砂岩，以粉—细砂岩为主，薄层状，石英含量较高，分选磨圆好（图 4-11c、图 4-11d）。该类砂岩纵向上发育在龙王庙组上下段顶部，即两次海退旋回的最晚期，尤其是在高台组底部区域潮坪化形成了较广泛的碎屑岩，标志着海退旋回的终止。局部地区龙王庙组顶部也可见砂岩，主要分布于川西南靠近古陆物源区的区域，往川东陆源碎屑含量明显减少并消失。其特征能指示物源区域，该类岩石不具储集性能。

6. 蒸发岩

四川盆地下寒武统龙王庙组蒸发岩主要为云质膏岩和膏岩两种，在洼地可沉积形成厚层状石膏。膏岩具有塑性，在地震响应上具有杂乱反射的特征，尤其在川东座 3 井及临 7 井区石膏可在地震上识别。研究区内膏岩仅在东部局部地区富集，岩性致密，无任何储集性能，可作为盖层。

4.2　储集空间类型

由上述研究可知，川中地区龙王庙储层的储集岩类以颗粒白云岩以及晶粒白云岩为主，其中储集空间类型多样。本书通过借助宏观岩芯、常规薄片、铸体薄片以及扫描电镜等多种研究手段，以 Choquette 等(1970)碳酸盐岩孔隙分类标准为基础，根据孔隙的大小、形态、成因等特征将研究区下寒武统龙王庙组储集空间类型总结为以下几种类型（表 4-2）。

表 4-2　研究区下寒武统龙王庙组储集空间类型

储集空间类型			主要储集岩类型	发育频率
孔隙	原生	残余粒间孔	鲕粒白云岩、砂屑白云岩	偶见
		黏结格架孔	藻黏结白云岩	低
	次生	粒间溶孔	鲕粒白云岩、砂屑白云岩	高
		晶间(溶)孔	粉晶白云岩、细晶白云岩	高
		粒内溶孔	鲕粒白云岩、砂屑白云岩	低
		铸模孔	具石膏假结核的泥晶白云岩	中—低
溶洞		孔隙性溶洞	砂屑云岩、粉(细)晶白云岩	高
		裂缝性溶洞		中
裂缝		构造缝	砂屑云岩、粉(细)晶白云岩	中—低
		成岩缝		中

4.2.1　孔隙

孔隙是指长径小于 2mm 的空隙空间，根据孔隙的不同成因一般将碳酸盐岩孔隙分为原生孔隙和次生孔隙。原生孔隙是在沉积期形成并保留下来的孔隙，以藻黏结格架孔和残余粒间孔为主，因碳酸盐岩在后期成岩作用过程中较为活跃，原生孔隙一般较难保留。在原生孔隙的基础上，岩石在成岩作用改造过程中常发生孔隙的调整，形成多样的次生孔隙。龙王庙组次生孔隙主要包括粒间溶孔、粒内溶孔、晶间(溶)孔、铸模孔等。本书将对上述孔隙类型进行详细介绍。

1. 原生孔隙

(1)残余粒间孔

残余粒间孔是颗粒岩沉积时粒间未被基质或胶结物充填的原生孔隙。龙王庙组储层中残余粒间孔主要发育在砂屑白云岩和鲕粒白云岩中，为砂屑或鲕粒粒间被多期白云石胶结充填后残余的孔隙(图4-12a)。残余粒间孔分布均匀，孔径大小一般0.05~0.2mm，最大可达0.5mm，孔隙内无明显溶蚀痕迹(图4-12b)。残余粒间孔多是由于颗粒岩沉积后早期的环边胶结造成颗粒间吼道堵塞，流体较难进入，孔隙发生胶结充填，从而使得粒间孔隙得以保存。就数量而言，这类孔隙在龙王庙组储层中较为少见，大部分都遭受了后期溶蚀改造成为粒间溶孔或溶洞，极少残余粒间孔能保留至今。因此，这类原生孔隙对现今龙王庙组储层影响不大。

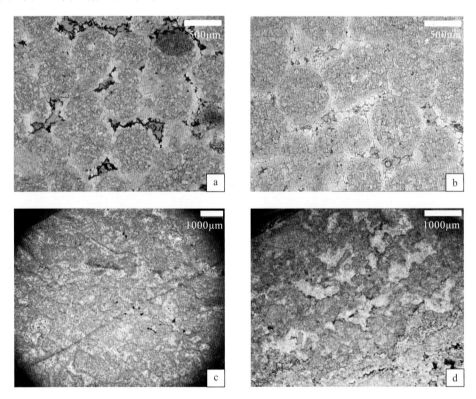

图4-12　研究区下寒武统龙王庙组原生孔隙特征

a. 鲕粒白云岩，残余粒间孔，高石6井，4546.08m，单偏光；b. 鲕粒白云岩，残余粒间孔，高石6井，4546m，单偏光；c. 藻黏结白云岩，格架孔，磨溪204井，4684m，单偏光；d. 藻黏结白云岩，格架孔，磨溪204井，4684.31m，单偏光

(2)藻黏结格架孔

藻黏结格架孔是藻黏结白云岩形成后格架间的孔隙未被充填保留下来的,其成因与残余粒间孔相似。藻黏结格架孔分布相对均匀,岩芯上多呈白色具有鸟眼状或雪花状构造,微观镜下,格架孔为藻团块或藻砂屑之间的空隙部分,分布较均匀但形态多不规则(图 4-12c),格架孔中常保留有第一期胶结物(图 4-12d),未被胶结充填的部分成为了现今龙王庙组藻黏结白云岩最主要的储集空间。

2. 次生孔隙

(1)粒间溶孔

粒间溶孔是在残余粒间孔的基础上发生溶蚀扩大或粒间白云石胶结物被强烈溶蚀而产生的孔隙。粒间溶孔常发育在砂屑白云岩中,手标本下呈"针孔"状均匀分布,孔隙直径一般为 0.5~2mm,面孔率可达 10%(图 4-13a)。局部针孔发育的地方可进一步溶蚀扩大形成小溶洞(图 4-13b),因此"针孔状"白云岩常与孔隙型溶洞伴生,其形成机制一样,仅在孔洞大小上有所差异。

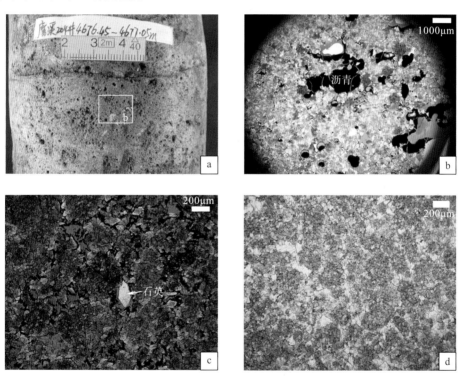

图 4-13　研究区下寒武统龙王庙组粒间溶孔特征

a. 粒间溶孔均匀分布,磨溪 204 井,4676.45~4677.05m;b. 残余颗粒白云岩,粒间孔溶蚀扩大呈小溶洞,磨溪 204 井,4676.45~4677.05m,单偏光;c. 残余颗粒白云岩,粒间溶孔发育,磨溪 19 井,4656.44m,单偏光;d. 残余颗粒白云岩,粒间溶孔,荷深 1 井,4753.04m,单偏光

微观镜下观察,粒间溶孔发育程度差异较大,"针孔状"白云岩溶蚀最为强烈,砂屑也遭受溶蚀,溶孔最为发育,分布均匀,岩石疏松,局部溶蚀扩大成效溶洞(图 4-13b)。部分鲕粒白云岩和砂屑白云岩保留较好,粒间胶结物溶蚀殆尽(图 4-13c、图 4-13d),孔

隙相对较少，但分布均匀，溶蚀程度较"针孔状"白云岩低。粒间溶孔是研究区龙王庙组最主要的储集空间之一。

（2）粒内溶孔

粒内溶孔指碳酸盐颗粒（鲕粒、砂屑、砾屑、生屑等）内部的孔隙，研究区龙王庙组粒内溶孔主要发育于砂屑云岩和鲕粒云岩的颗粒内。

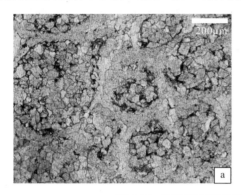

图 4-14　研究区下寒武统龙王庙组粒内溶孔特征

a. 鲕粒云岩，粒内溶孔充填沥青，高石 6 井，4546.88m，单偏光；b. 砂屑白云岩，粒内溶孔被石英、沥青全充填，磨溪 19 井，4631.06m，单偏光

粒内溶孔可以是同沉积期大气淡水淋滤发生选择性溶蚀形成的，也可以是后期埋藏过程中流体对颗粒内部溶蚀产生的。不同程度的溶蚀作用形成的孔隙形态和大小具有差异，溶蚀作用相对较弱的颗粒，内部结构松散，粒内溶孔后期被沥青充填后残留极少数的有效孔隙（图 4-14a）。部分颗粒溶蚀作用较强，颗粒内部几乎全部遭受溶蚀，仅保留颗粒外形，但粒内溶孔多被后期白云石、石英以及沥青等充填殆尽成为无效孔隙（图 4-14b），对现今储层贡献不大。

（3）晶间孔

晶间孔是研究区龙王庙组白云岩储层最主要的储集空间类型之一。晶间孔主要发育在半自形—自形的粉晶—细晶白云石晶体之间，孔隙大小受白云石晶体控制，形态较规则，多呈三角形或多边形，分布较均匀（图 4-15a）。一般而言，晶体在重结晶过程中孔隙将得到调整，由泥粉晶到细晶转化过程中将产生部分孔隙，随着晶体进一步增大，孔隙又会被充填数量减少，因而粗粉晶白云岩与细晶白云岩晶间孔最为发育。龙王庙组粉白云岩晶体间孔隙大小一般为小于 50 μm，细晶白云岩晶体间孔隙大小 20～200 μm，平均为 100 μm 左右。龙王庙组大部分晶粒白云岩是由早期颗粒灰岩经过白云岩化和重结晶作用形成的，因此属于次生成因。在具有颗粒残余结构的晶粒白云岩中常可见典型的晶间孔发育（图 4-15b）。

（4）晶间溶孔

晶间溶孔是在晶间孔基础上经溶蚀扩大形成的。溶蚀作用使白云石晶体形态变得不规则，晶间溶孔分布较均匀，大小一般 50～200μm（图 4-15c），白云石晶体边界常呈溶蚀港湾状或锯齿状（图 4-15d）。溶蚀作用对晶间孔隙的改造不仅扩大了原始的晶间孔，而且将早期不连通或连通性较差的晶间孔连接起来，从而提高了岩石的孔隙度和渗透率。晶间溶孔主要发育于粗粉晶白云岩和细晶白云岩中，是龙王庙组晶粒白云岩储层中最普遍的储集空间类型。

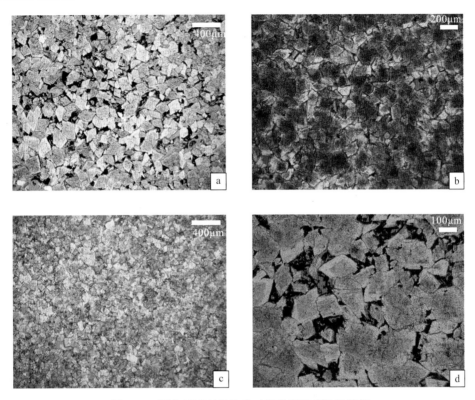

图 4-15　研究区下寒武统龙王庙组晶间(溶)孔特征

a. 细晶白云岩晶间孔，磨溪 204 井，4677.33m，单偏光；b. 具残余颗粒结构的细晶白云岩晶间孔发育，磨溪 202 井，4687.94m，单偏光；c. 粉晶白云岩晶间溶孔，荷深 1 井，4743.97m，单偏光；d. 中晶白云岩，晶间溶孔，磨溪 202 井，4688.28m，单偏光

(5)铸模孔

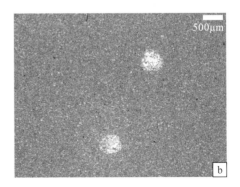

图 4-16　研究区龙王庙组铸模孔宏微观特征

a. 颗粒白云岩颗粒被溶解仅保留颗粒外形，后被白云石充填，磨溪 202 井，4731.77～4731.95m；
b. 石膏结核溶解后被白云石充填，磨溪 21 井，4670.53m，单偏光

铸模孔本质属于粒内溶孔，指颗粒被完全溶解后仅剩下颗粒外形的孔隙。研究区龙

王庙组铸模孔主要出现在两类岩石中，即砂屑白云岩和砾屑白云岩，其中的颗粒成分被完全溶蚀，仅保留颗粒外形，形成铸模孔（图 4-16a）。这些颗粒被溶解形成的铸模孔被后期白云石或沥青等微—半充填，仅在中间部位保留部分未充填孔隙。此外，铸模孔大量出现在泥晶白云岩中，石膏结核在沉积后由于其极易溶解形成铸模孔，后期多被晶粒白云石全充填，成为假结核。石膏假结核呈圆形—椭圆形，大小 0.5～20mm 不等（图 4-16b）。铸模孔由于多遭受充填从而不能作为现今储层有效的储集空间，因此对龙王庙组储层的储集性能而言，影响甚微。

4.2.2　溶洞

溶洞是指直径大于 2mm 的各类溶蚀空间，可根据溶洞的孔径大小以 2～5mm，5～10mm，大于 10mm 为标准进一步分为小洞、中洞和大洞。溶洞的形成与各类溶孔形成机理相似，只是较溶孔而言，洞的大小和规模更大而已，研究区龙王庙组储层溶洞发育，密度大分布较广，溶洞的分布和特征可明显分为两类：一类形成在颗粒白云岩中，在溶孔的基础上溶蚀扩大形成的，这类溶洞大小和密度都较为均匀，称为孔隙性溶洞；另一类溶洞明显与裂缝有关，其分布具有一定的规律性，常顺裂缝发育，也可是裂缝溶蚀扩大形成溶洞，称为裂缝性。

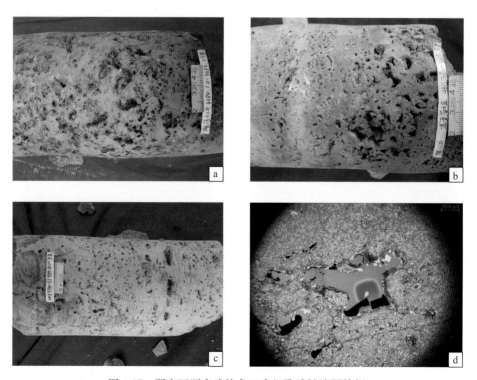

图 4-17　研究区下寒武统龙王庙组孔隙性溶洞特征

a. 砂屑白云岩，蜂窝状溶洞，磨溪 32 井，4684.10～4684.23m；b. 砂屑白云岩，蜂窝状溶洞，磨溪 13 井，4615.36～4615.67m；c. 砂屑白云岩，孔隙性溶洞具有层状发育的特征，磨溪 204 井，4656.59～4656.82m；d. 残余颗粒白云岩，孔隙性溶洞，磨溪 204 井，4684.64m，单偏光

1. 孔隙性溶洞

孔隙性溶洞主要发育在颗粒白云岩或具颗粒残余结构的晶粒白云岩中，是在粒间溶孔或晶间溶孔基础上的溶蚀扩大（图 4-17）。岩芯观察，溶洞宏观面孔率一般为 10％～30％，最高可达 50％以上。溶洞形态较不规则，分布较均匀，洞径大小一般为 2～10mm，平均为 4mm，最大可达 20mm，溶洞连通性较好。此类溶洞常沿层理方向分布，与沉积时的岩性差异有关，具有一定的顺层性，局部可溶蚀呈蜂窝状。溶洞大部分都未被充填，但也有部分溶洞被多期白云石及少量沥青、石英等半充填。孔隙性溶洞是区内龙王庙组最重要的储集空间类型。

2. 裂缝性溶洞

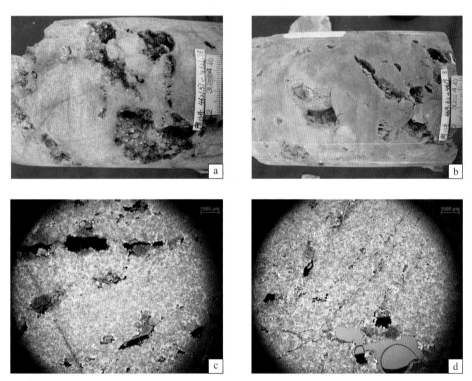

图 4-18 研究区下寒武统龙王庙组裂缝性溶洞特征

a. 砂屑白云岩，溶洞具有沿裂缝发育分布的特征，磨溪 13 井，4621.57～4621.78m；b. 砂屑白云岩，裂缝溶蚀扩大形成溶洞呈长条状，磨溪 13 井，4619.62～4619.78m；c. 残余颗粒白云岩，沿裂缝溶蚀扩大形成串珠状溶洞，磨溪 204 井，4681.49m，单偏光；d. 残余颗粒白云岩，顺裂缝发育的溶蚀扩大洞，磨溪 204 井，4678.95m，单偏光

裂缝性溶洞多出现于易破裂和易溶解的晶粒白云岩中。大气淡水或地层水沿裂缝运移并对白云岩进行溶解，一方面将局部裂缝溶蚀扩大，形成宽窄不一的裂缝性溶洞、溶沟，宽度一般 1 至数厘米不等，多呈定向分布，连通性极好（图 4-18a、图 4-18b）；另一方面，溶解作用也可在裂缝两侧围岩中进行，形成与裂缝产状近一致的拉长状、串球状溶孔、溶洞（图 4-18c、图 4-18d）。裂缝性溶洞由于直接受早期裂缝的影响，无论是形态还是分布都与裂缝密切相关，具有一定的定向延展性且多沿裂缝发育。现今这类溶洞常

被白云石、石英以及沥青微—半充填，部分未充填的溶洞可以成为区内龙王庙组中较常见的储集空间类型。

4.2.3 裂缝

通过岩芯观察并结合现场试气结果综合分析，对区内磨溪高石梯构造龙王庙组取芯段裂缝发育程度进行了统计(图 4-19)，发现龙王庙组裂缝发育密度大，组系众多，特征差异较大。

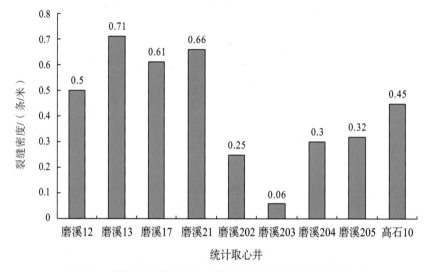

图 4-19   研究区下寒武统龙王庙组储层裂缝发育情况直方图

为了后面探讨裂缝对储层的影响，本书仅对与储层相关的有效裂缝进行分类和研究，根据裂缝的成因整体将龙王庙组裂缝分为两大类：构造缝以及溶蚀缝。

1. 构造缝

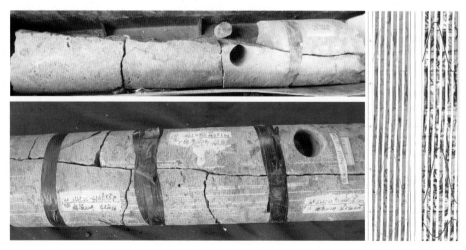

图 4-20   研究区下寒武统龙王庙组构造缝特征

　　研究区龙王庙组构造裂缝多为高角度裂缝，岩芯上其长度为 0.2～1.5 m 不等（图 4-20）。追溯研究区构造发展史可以看出：自早寒武世以来，研究区就不断受到包括加里东运动、印支运动、燕山运动和喜山运动等各期构造运动的改造，因此产生了大量多次的构造缝。构造缝在地下为张开缝，在有机质成熟排烃过程及油气运移过程中可作为主要的渗流通道，因此，现今在部分缝中可见炭质残余。整体而言构造缝中充填物较少，渗流能力强，可作为现今天然气良好的运移通道。

2. 溶蚀缝

　　溶蚀缝是在早期构造缝基础上溶蚀扩大形成的。溶蚀缝可作为液态烃良好的流体通道，溶蚀缝长度 10～50 cm 不等，裂缝边缘多不规则，缝壁极不平整，有明显的溶蚀现象(图 4-21)。这些缝常常成为后期油气运移的主要通道以及油气重要的储集空间。

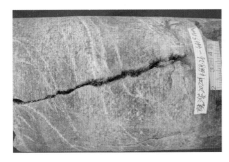

图 4-21　研究区下寒武统龙王庙组溶蚀缝特征

　　在这些裂缝中，只有张开的未充填缝和半充填缝才是有效的储渗空间，裂缝的存在极大地提高了储层的渗透性。

4.3　储层物性特征

　　为确定川中地区下寒武统龙王庙组储层的物性特征，本书选取了研究区近 20 口取芯井的 1341 份小柱样品及 82 份全直径样品进行物性测试，并对样品的孔、渗数据和相关性进行分析处理。

4.3.1　孔隙度

　　孔隙度是指岩石中能够容纳流体的孔隙体积，它是衡量岩石能够储集流体能力大小的参数。通过研究区龙王庙组小柱样品及全直径样品孔隙度数据统计发现(图 4-22)：龙王庙组孔隙度为 0.11%～11.72%，平均 2.5%，孔隙度小于 2% 的样品数占总数的 52.16%，其次为 2%～4%，出现频率为 28%，孔隙度大于 4% 的样品仅占总数的 20% 左右；全直径样品孔隙度范围在 1.03%～16.48%，平均孔隙度为 4.34%，全直径孔隙度主要集中在 4%～6%，占样品总数的 43.21%，其次集中在 2%～4%，占样品总数的

29.63％，孔隙度小于2％的样品出现频率仅为11％。

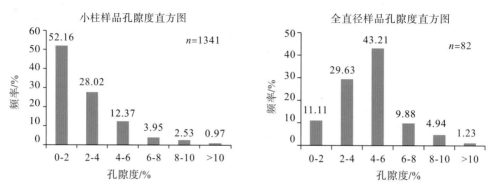

图4-22　研究区下寒武统龙王庙组白云岩孔隙度直方图（包括小柱样品和全直径样品）

从龙王庙组小柱样品和全直径样品孔隙度分布直方图可以看出，龙王庙组基岩孔隙度较低，整体呈现特低孔特征。全直径样品孔隙度明显优于基质孔隙度，孔隙度大于4％的样品占总数的50％以上，同时孔隙度高值出现频率增加。一般而言，小柱样品反映基岩的物性特征，而全直径更为客观真实的反映储层物性特征。因此，孔隙度特征说明研究区龙王庙组非均质性较强，其储集空间不是以基质孔隙为主，溶洞、裂缝等可能较为发育。

4.3.2　渗透率

渗透率是指岩石中空隙允许流体通过的能力。根据研究区龙王庙组小柱样品和全直径样品渗透率数据统计发现（图4-23）：龙王庙组基岩渗透率值分布范围广，整体值较低，在0.001～10mD范围内较均匀分布，其中在0.001～0.01mD的出现频率最大，占样品总数的26.08％，渗透率值大于1mD的样品占总数的19％左右；全直径渗透率值明显较小样渗透率值高，主要集中在0.01～10mD范围内，占样品总数的33.33％，渗透率大于1mD的样品占总数的35％左右。

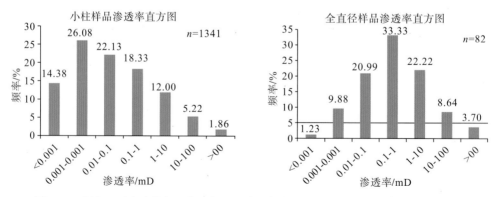

图4-23　研究区下寒武统龙王庙组白云岩渗透率直方图（包括小柱样品和全直径样品）

　　从全直径与小柱样品渗透率分布直方图可以看出，全直径样品渗透率较小柱样品的渗透率值明显更大，两者渗透率值大于 1mD 的样品分别占总数的 35％ 和 19％，表明全直径所测得的渗透性更好。结合孔隙度分布特征认为：小柱样品所代表的龙王庙组白云岩基岩为低孔低渗储层，但储层中发育的溶孔、溶洞及裂缝等这些储渗空间在小柱样品测试中无法体现，但在全直径物性测试中却可以体现，导致所测得的孔隙度和渗透率值较高。结合研究区内多数单井的龙王庙组产量高也进一步说明龙王庙组储层渗透率较高。

4.3.3　孔渗关系

　　从全直径和小柱样品孔渗相关关系图上可以看出（图 4-24），小样的储层渗透率值随孔隙度的增加而增加，具有明显的正相关关系。在孔隙度较小的区域存在一些渗透率急剧增大的样品点，通过结合样品的岩芯、薄片观察发现：在一些孔隙发育较少的泥粉晶云岩中微裂缝发育，裂缝可将孔隙连通进而提高渗透率，说明这些样品的渗透率受微裂缝影响较大。全直径样品渗透率和孔隙度的相关关系相对较差，这主要是因为全直径样品影响渗透率变化的因素较多。许多实例研究表明，碳酸盐岩的孔隙度与渗透率之间关系复杂，特别是对于溶洞、缝发育的地层来说，洞、缝对储层的平均渗透率大小起着决定性的作用。由于龙王庙组储层中溶蚀孔、洞十分发育，全直径样品中含有较多的溶洞，造成储层具有明显的非均质性，孔渗相关关系也变差。

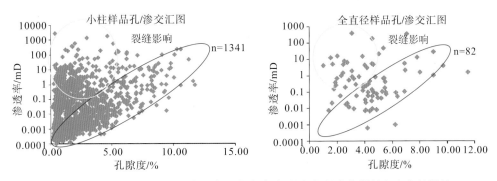

图 4-24 研究区下寒武统龙王庙组白云岩孔渗关系图（包括小柱样品和全直径样品）

4.4　储层类型

　　结合上节对研究区下寒武统龙王庙组主要储集空间类型的研究，认为孔隙、溶洞和裂缝对储层储集性能具有不同程度的影响，这三类储集空间的相对含量及组合方式组成了龙王庙组不同类型的储层。本书按照主要储集空间的相互配置关系将研究区下寒武统龙王庙组储层划分为孔隙型储层、溶洞型储层、花斑孔洞型储层以及裂缝（复合）型储层（图 4-25）。

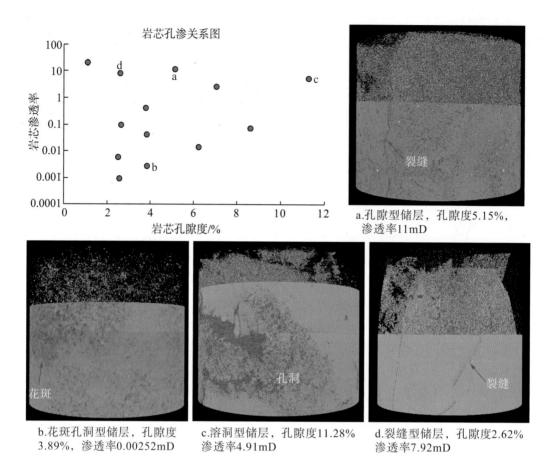

图 4-25　磨溪 12 井不同类型储层孔隙结构及储层物性关系示意图

(CT 扫描照片由中石油西南油气田分公司勘探开发院提供)

4.4.1　孔隙型储层

　　孔隙型储层是指主要以孔径小于 2mm 的孔隙为储集空间的储层。这类储层主要发育在砂屑白云岩及鲕粒白云岩中，孔隙可包括各类原生孔隙及次生溶孔，以粒间溶孔最为常见(图 4-26)，原生孔隙偶见。该类储层岩芯上多呈"针孔"状，孔隙分布均匀，非均质性较弱，面孔率一般为 3%～5%，最高可达 10%。显微镜下孔隙内较干净，充填物极少。

　　结合磨溪 13 井 4615.79～4615.99m 井段的成像测井、全直径岩芯及其 CT 扫描三维重建分析综合研究认为：龙王庙组孔隙型储层孔隙分布均匀，局部孔隙溶蚀扩大成为小洞，在成像测井上具有明显的响应，主要以亮色的高电阻基础上分布均匀的黑色斑点为特征(图 4-27)。CT 扫描分析表明孔隙型储层内部孔隙发育密集(黄色为孔洞)，连通性较好，孔隙度高达 7.7%，这类储层在龙王庙组中所占比例较高，约为 20%。

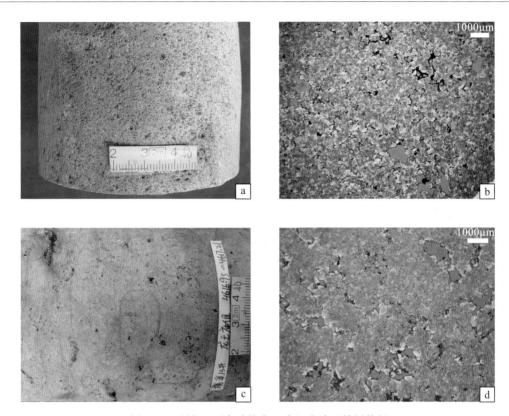

图 4-26　研究区下寒武统龙王庙组孔隙型储层特征

　　a. 砂屑白云岩，溶孔发育密集，磨溪 204 井，4667.92m；b. 砂屑白云岩，粒间溶孔发育，磨溪 204 井，4667.92m，单偏光；c. 砂屑白云岩针孔发育，磨溪 13 井，4616.95～4617.21m；d. 砂屑白云岩，粒间溶孔发育，磨溪 13 井，4616.95～4617.21m，单偏光

图 4-27　磨溪 13 井 4615.79～4615.99m 井段成像测井、全直径岩芯及其 CT 扫描特征

　　从研究区龙王庙组孔隙型储层的小样孔渗关系图中可以看出（图 4-28），渗透率随孔隙度的增加而增加，具有明显正相关性，个别样品受微裂缝影响具有孔隙度较低但是渗透率值较高的特征。孔隙型储层的毛管压力曲线特征显示（图 4-28），这类储层的排驱压力和中值压力低—中等，进汞饱和度 85% 左右，中等歪度，孔隙分选较好，为中孔中吼特征。

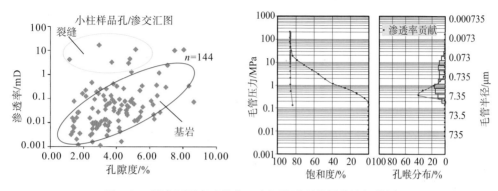

图 4-28　研究区下寒武统龙王庙组孔隙型储层孔渗相关图

4.4.2　花斑孔洞型储层

川中地区下寒武统龙王庙组有一类非常特殊的储层—花斑孔洞型储层，这类储层发育较广，在研究区中部磨溪、高石梯地区稳定分布。花斑孔洞型储层以其独有的花斑构造而得名，浅色花斑为基岩区，岩性相对致密，暗色花斑为孔洞发育区，孔洞中由于充填沥青而被浸染呈暗黑色(图 4-29)。这类储层在颗粒白云岩及晶粒白云岩中均有发育。

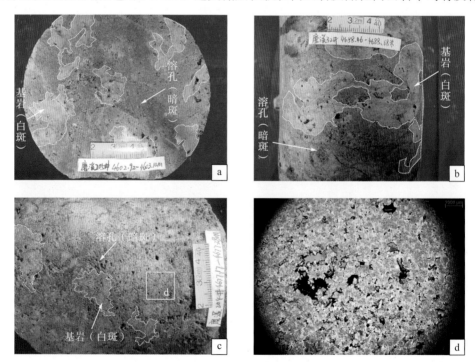

图 4-29　研究区下寒武统龙王庙组花斑型储层特征

a. 砂屑白云岩，溶孔被沥青侵染呈花斑状，磨溪 205 井，4602.92m; b. 砂屑白云岩，发育不规则溶斑，磨溪 32 井，4688.46～4688.68m; c. 砂屑白云岩，溶孔被沥青侵染呈花斑状，磨溪 204 井，4677.17～4677.28m; d. 残余颗粒白云岩，粒间溶孔被沥青充填，磨溪 204 井，4771.36m，单偏光.

花斑孔洞型储层主要发育在颗粒白云岩和具残余颗粒结构的晶粒白云岩中，与孔隙型储层不同，其成因可能与加里东期表生岩溶有关，分布范围广，非均质性较强。花斑孔洞型储层储集空间主要是一些粒间、晶间的溶蚀扩大孔、洞，孔洞中常不均匀地充填沥青，宏观上呈黑色。磨溪 17 井 4639.6～4639.78m 井段花斑孔洞型储层在成像测井上表现为亮色高电阻背景下具有黑色斑点的特征（图 4-30），其全直径岩芯经过 CT 扫描三维重建，计算其全岩孔隙度 7.1%（黄色部分为孔洞）。花斑型储层在龙王庙储层中出现频率较高，约 30%左右。

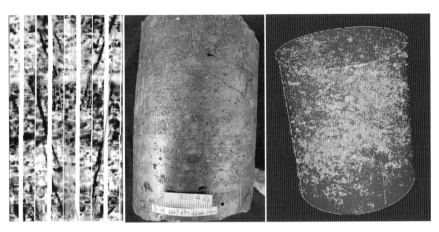

图 4-30 磨溪 17 井 4639.6～4639.78m 井段成像测井、全直径岩芯及其 CT 扫描特征

从研究区龙王庙组花斑孔洞型储层的全直径和小样品孔渗关系图中可以看出（图 4-31），样品主要集中分布于三个区域：区域 A 孔隙度和渗透率均较低，为浅色花斑区（基岩）；区域 B 孔隙度和渗透率值突然升高，为暗色花斑区（孔洞发育区）；区域 C 孔隙度低而渗透率较高，明显受微裂缝影响较强。全直径岩芯上观察发现花斑孔洞型储层的非均质较强，全直径样品的孔渗相关性较差。

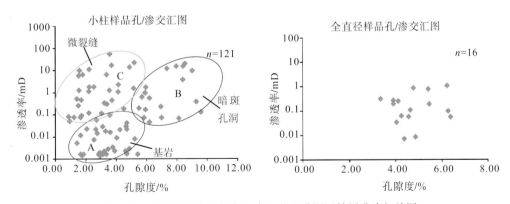

图 4-31　研究区下寒武统龙王庙组花斑孔洞型储层孔渗相关图

花斑孔洞型储层的毛管压力曲线特征显示（图 4-32），这类储层的排驱压力和中值压力低—中等，进汞饱和度 80%左右，中等歪度，孔隙分选较好，为中孔中吼特征。

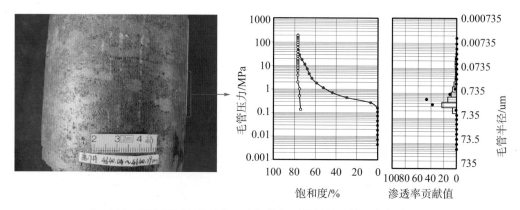

图 4-32　研究区下寒武统龙王庙组花斑型储层的毛管压力曲线形态

4.4.3　溶洞型储层

溶洞型储层是研究区龙王庙组最主要的储层类型，是指以孔径＞2mm 的溶洞为储集空间的储层。这类储层主要发育在砂屑白云岩、具残余颗粒结构的粉晶白云岩、细晶白云岩中。溶洞发育好，分布广，局部面洞率可达 40％～50％，具有较好的连通性和储集性。在成像测井上具有明显的亮色高电阻基础上分布密集的不规则黑色斑块（图 4-33）。

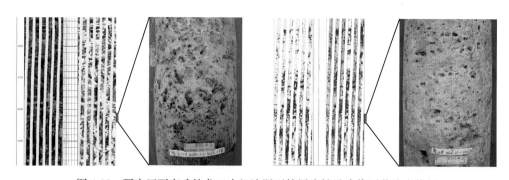

图 4-33　研究区下寒武统龙王庙组溶洞型储层岩性及成像测井响应特征

从研究区龙王庙组溶洞型储层的全直径和小样品孔渗关系图中可以看出（图 4-34），溶洞型储层孔隙度明显较孔隙型和花斑孔洞型储层更高，主要分布在 4％～8％。样品主要集中分布于三个区域：区域 A 孔隙度和渗透率值相对更低，但相关性好，为基岩区；区域 B 孔隙度和渗透率值最高，为溶洞发育区；区域 C 孔隙度低而渗透率较高，表明受微裂缝影响较强。溶洞型储层的毛管压力曲线特征显示（图 4-35），这类储层的排驱压力和中值压力均较低，进汞饱和度可达 100％，具有明显的粗歪度，孔喉分选较好，孔喉半径大，为大孔粗吼特征，是储渗性能最好的储层。溶洞型储层占龙王庙组储层的 30％左右。

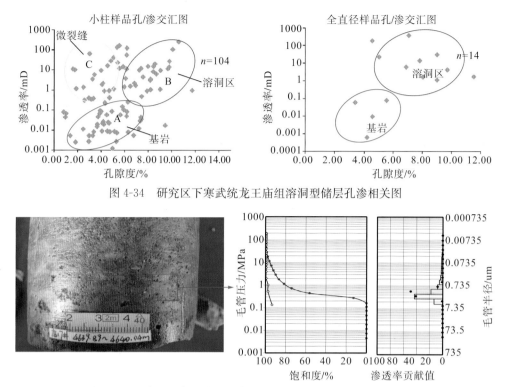

图 4-34 研究区下寒武统龙王庙组溶洞型储层孔渗相关图

图 4-35 研究区下寒武统龙王庙组溶洞型储层的毛管压力曲线形态

4.4.4 裂缝（复合）型储层

研究区龙王庙组由裂缝作为主要的储集和渗流空间的储层极少，仅在泥粉晶白云岩中发育，形成裂缝型储层（图 4-25d）。然而，裂缝常作为流体渗流通道与溶孔、溶洞伴生，形成裂缝—溶洞型储层或裂缝—孔隙型储层等复合储层。在龙王庙组储层中这种复合型储层出现频率较高，在 20％左右。裂缝对储层性能的改造能力极强，有裂缝参与的复合型储层在储集和渗流性能方面均较单一的孔隙型或溶洞型储层类型更好，据统计，研究区龙王庙组储层油气测试与裂缝多少呈正相关关系。

4.5 储层分布

4.5.1 纵向分布

川中地区龙王庙组储层在下段和上段均有分布，主要发育于颗粒白云岩和粉晶白云岩中，单井累计厚度为 17.3～64.5 m，平均为 40.7 m。龙王庙组上段储层累计厚度为 5～49m，在厚度、规模、横向连续性和储层质量等方面均优于下段储层。龙王庙组下段储层累计厚度为 2.8～36m，但其横向可对比性不强，分布有限。如上段储层可稳定分布于资阳—威远、女基井—宝龙、螺观—荷包场以及磨溪—高石梯地区。以磨溪 8 井为例，龙王庙组上部储层厚度可达到 45 m，不仅厚度规模大，并且具有明显的声波时差增加和电阻率降低等响应特征，表明储层质量良好(图 4-36)；相对而言下段储层则明显变薄，储集性能更差。

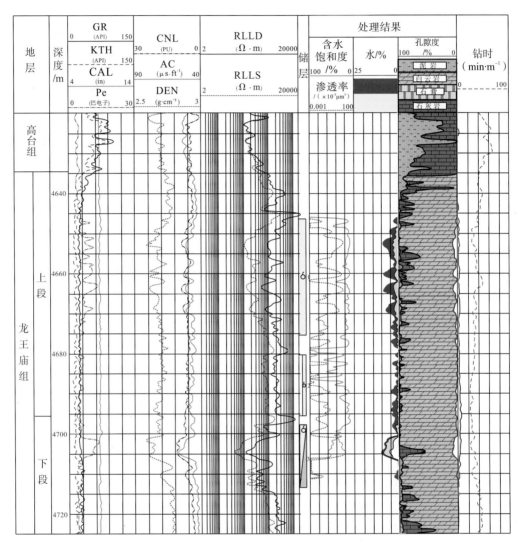

图 4-36　磨溪 8 井龙王庙组储层纵向分布及测井响应特征

4.5.2　横向分布

通过对川中地区龙王庙组储层进行横向对比(图 4-37、图 4-38)，发现研究区西部储层发育较少，在研究区中部磨溪—高石梯—宝龙—女基井一带储层厚度最大，向东储层逐渐减少。究其原因：储层的分布主要与龙王庙组地层岩性密切相关，磨溪—高石梯—宝龙地区储层岩性主要为各类滩相白云岩，其原始孔隙较发育且后期溶蚀改造作用较强，而研究区西部由于靠近古陆主要沉积了较杂乱的混积岩，储层不发育。研究区东部沉积环境水体更深，能量低，岩性更加致密，较难有储层的发育。

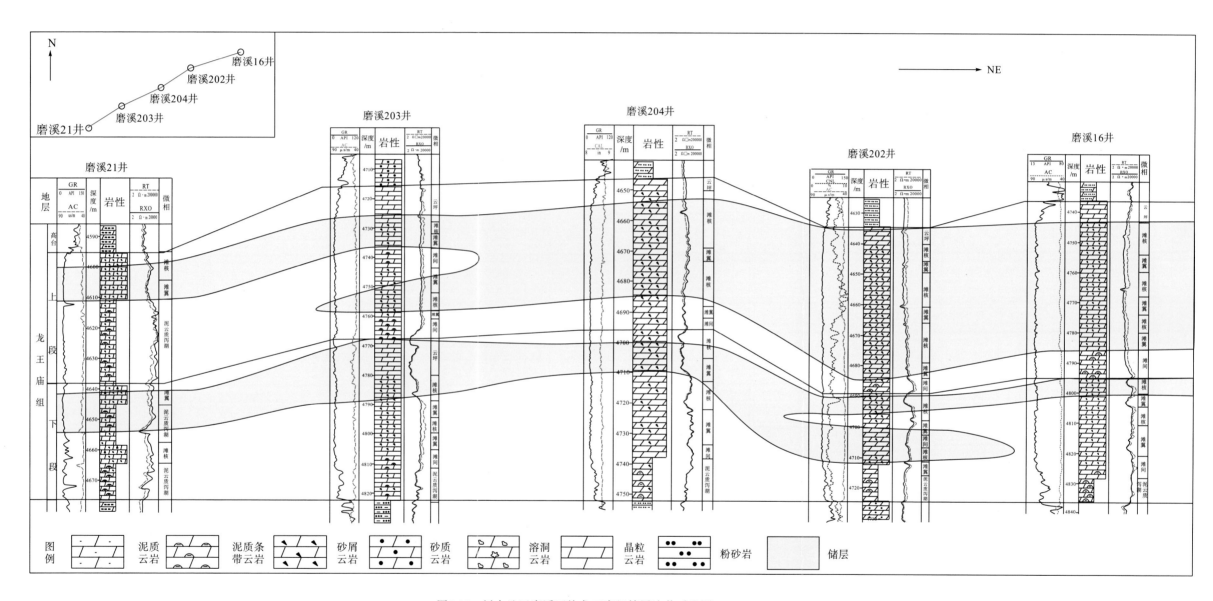

图4-38　川中地区磨溪区块龙王庙组储层连井对比图

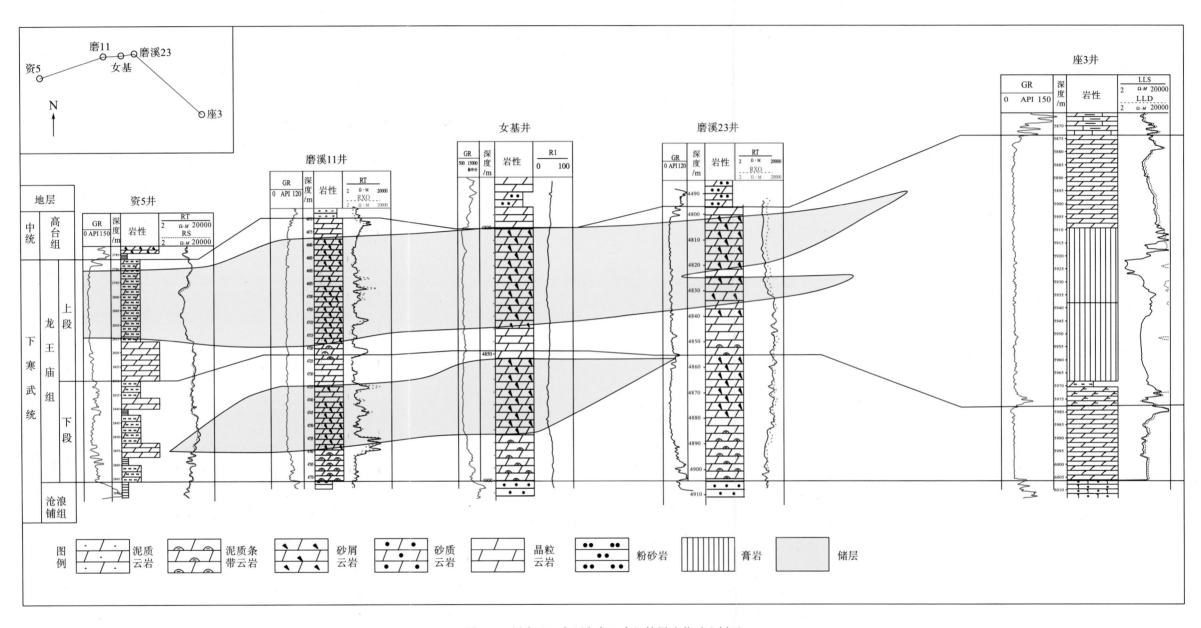

图4-37　川中地区东西向龙王庙组储层连井对比剖面

研究区中部磨溪区块龙王庙组储层分布稳定,上下两套储层分布较明显,上部储层厚度较大,平面上具有较好的对比性(图 4-38)。

4.5.3　平面分布

结合单井储层评价及连井储层对比分析,利用测井解释及三维地震解释结果,进行龙王庙组储层平面发育、分布规律研究(图 4-39、图 4-40、图 4-41)。

1.　平面分布特征

研究区龙王庙组储层在中部地区集中发育,厚度较大,范围在 17~64 m,其中以磨溪地区磨溪 12 井—磨溪 11 井井区储层最为发育,厚度一般大于 40 m,以这些井区向外围储层厚度依次减薄;高石梯地区储层厚度一般在 20 m 左右;研究区东部和南部如座 3 井、阳深 2 井等龙王庙组岩性致密,储层不发育;威远地区微寒 101 井龙王庙组岩芯上可见针孔极为发育的砂屑白云岩,测井解释显示其发育了近 20 m 的储层。

龙王庙组下段储层主要集中分布在磨溪 9 井—磨溪 201 井井区,在资阳—威远一带龙王庙组下段也发育了部分储层;龙王庙组上段储层主要发育在磨溪—高石梯地区,荷深 1 井龙王庙组上段也有部分储层发育,上段储层最厚发育区集中在磨溪 202 井—磨溪 204 井区,龙王庙组上段储层厚度和分布范围均较下段更大。

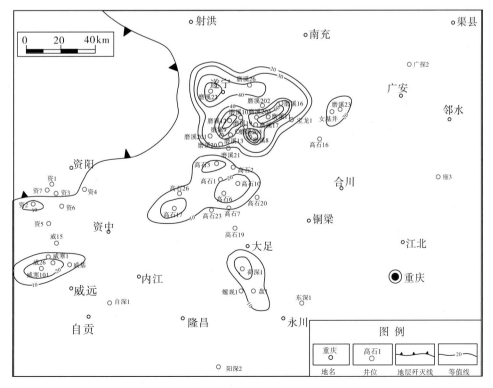

图 4-39　研究区龙王庙组储层厚度平面分布图

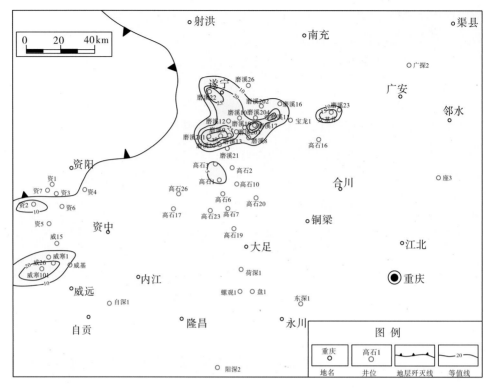

图 4-40 研究区龙王庙组下段储层平面展布图

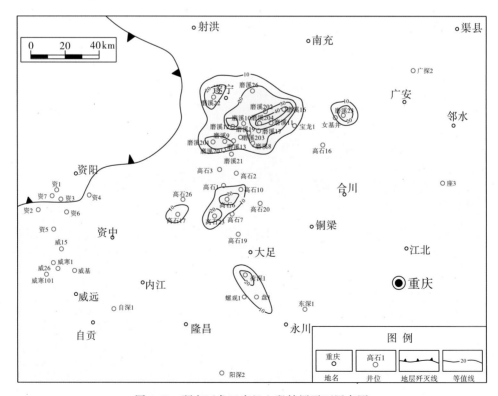

图 4-41 研究区龙王庙组上段储层平面展布图

2. 平面展布规律

研究区龙王庙组储层平面分布具有在中部地区集中发育、储层厚度较大的特征。究其原因：储层的平面展布规律与沉积相平面分布特征具有明显的相似性，位于颗粒滩尤其是滩核微相的地区储层厚度明显较大，表明龙王庙组储层的平面的分布主要受沉积相控制。

龙王庙组上段和下段储层的平面展布规律也明显受沉积相控制，且具有继承性。较龙王庙组下段而言，上段储层厚度更厚，分布更广，且具有向东迁移的趋势，这与上段沉积相分布规律类似。进一步说明了龙王庙组、龙王庙组上段以及下段储层的分布受沉积相带的展布影响较大。

第 5 章 储层成岩作用

由于碳酸盐矿物的不稳定性，导致其沉积物（岩）对成岩作用十分敏感，在经过长期的成岩作用改造后，其沉积物（岩）的原始面貌和内部孔隙结构大为改观（赵彦彦等，2011）。成岩作用既可将原生孔隙极为发育的滩相沉积体改造为致密岩体，也可将孔、渗极差的岩体转变成储集性能良好的储层（Moore，1989）。研究区下寒武统龙王庙组储层主要由一套白云岩构成，沉积至今已有五亿多年的成岩历史。在这漫长的地质历史中，该套沉积物（岩）经历了从地表到地下近万米的埋藏过程，先后受到海水、大气淡水、混合水和地层水的影响，接受了多次大的构造运动的改造，导致地层所经历的成岩作用及变化呈多期次、多类型的长期叠加，其结果不仅改变了原始的结构组分特征，还使其原储层内部结构发生了明显的改变，将该套地层内原来以原生孔隙为主的滩相、云坪相等沉积体改造成以次生孔隙占优势的储层。

5.1 成岩作用类型与特征

本书根据野外剖面和钻井岩芯的宏观、微观特征，借助于常规显微镜、阴极发光、同位素、X-射线、包裹体和电子探针等分析，结合前人的研究成果，对该套地层，特别是高能滩体所经历的主要成岩作用类型、特征及其对储集空间的影响进行了分析。研究表明：成岩作用对碳酸盐储层的影响具有双重性。一方面，可破坏早期的沉积、成岩组构和早期形成的孔隙；另一方面，形成新的成岩组构和产生新的储集空间。根据成岩作用对储层储集空间形成和演化的影响结果，将区内龙王庙组储层所经历的成岩作用划分为：①破坏性成岩作用，如胶结充填、压实和压溶作用等；②建设性成岩作用，如白云岩化、溶蚀和构造破裂作用等（表5-1）。现今龙王庙组储层的储集空间是破坏性和建设性成岩作用经过长期相互影响后的最终产物。

表 5-1 川中地区下寒武统龙王庙组成岩环境-成岩作用-成岩效应简表

成岩效应 成岩环境	破坏性成岩作用	建设性成岩作用
海底成岩环境	第一期海底马牙状、纤状胶结	泥晶化、白云化
混合水成岩环境	第二期单晶或多晶胶结作用	早期大气淡水溶蚀
浅—中埋藏成岩环境	压实作用、第三期胶结作用	/
近地表成岩环境	充填作用	顺层岩溶作用
中—深埋藏成岩环境	充填作用	第一期埋藏溶蚀、重结晶
深埋藏成岩环境	沥青充填	第二期埋藏溶蚀

5.1.1　压实、压溶作用

压实作用是指碳酸盐岩沉积后，由于上覆沉积物厚度的不断增加，在重荷压力下所发生的作用，这些作用包括沉积物脱水、颗粒间距变小、孔隙度降低、厚度减小、岩石密度增大等(Shinn et al.，1983；黄思静，2010)，属于机械压实作用。在此过程中，沉积物的颗粒和结构发生重新排列和改变，其变化程度取决于岩石本身的因素和一些外部条件，其中岩石的结构最为重要，不同结构的碳酸盐岩(如颗粒含量、胶结程度、生物格架、泥质含量等)都可能导致岩石具有不同的压实方式和压实程度(Schmoker et al.，1982；Shinn et al.，1983)。另外，埋藏深度和上覆载荷厚度对压实作用或压溶作用都具有控制作用，碳酸盐岩孔隙度总体上是埋藏深度的函数(Schmoker et al.，1982)。

碳酸盐晶泥沉积物通常较颗粒质沉积物具有更高的原始孔隙度，陆棚碳酸盐泥和深海远洋泥的初始孔隙度分别可高达 70% 和 80%(Moore，1989)，明显大于浅水高能颗粒灰岩 40% 的初始孔隙度。然而，灰泥沉积物由压实作用造成的碳酸盐岩孔隙度降低值明显大于颗粒岩孔隙度降低值(Enos et al.，1981；Moore，2001)，这就是研究区下寒武统龙王庙组泥微晶白云岩中孔隙不发育的主要原因。龙王庙组自沉积后埋藏深度一度达到 6000 余米，压实压溶作用极为发育，在以颗粒支撑为主的白云岩中，颗粒常发生定向排列、变形甚至破碎(图 5-1a、图 5-1b)。同时，由塑性形变产生的颗粒平面或曲面接触也常见。泥微晶白云岩则因为无颗粒骨架支撑导致原生孔隙消失殆尽变得异常致密。

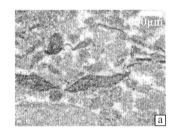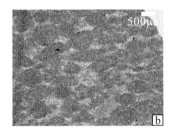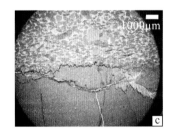

图 5-1　研究区下寒武统龙王庙组压实、压溶作用特征

a. 砂屑白云岩，颗粒破裂变形，磨溪 12 井，4680.41m，单偏光；b. 亮晶鲕粒白云岩，颗粒发生变形呈定向排列，磨溪 21 井，4662.34m，单偏光；c. 两种不同岩性接触面发生压溶形成缝合线，高石 6 井，4552.77～4552.80m，单偏光

压溶作用也称为化学压实作用，当沉积物被机械压实后，持续埋藏会增加接触面应力导致溶解度增大并发生溶解。缝合线是压溶作用最主要的产物，一般认为缝合线构造是由于易溶的灰质遭受压溶作用后，不溶的黏土矿物等残留下来形成的。缝合线的形成往往需要达到一定的埋藏深度，部分学者通过研究认为埋深需在 500～600 m 以上(Fabricius，2003；黄思静，2010)。龙王庙组缝合线主要形成在相邻两种不同的岩性之间，如颗粒白云岩和泥晶白云岩接触面上常发生压溶作用，形成锯齿状缝合线(图 5-1c)，可切割颗粒和胶结物。缝合线内部常充填有机质、泥质等。强烈的压溶作用一方面形成可供油气运移的缝合缝，从而提高储层的渗透性，这从缝合线中有沥青的存在可得到证实，

从这点来看，压溶作用是一种建设性成岩作用；但另一方面，压溶作用析出的组分为后期白云石沉淀并充填孔隙又提供了物源，同时，压溶作用作为压实作用的继续和发展，本身就是对孔隙的进一步压缩。因而压溶作用的破坏性成岩效应远远大于建设性成岩效应。

5.1.2 胶结作用

胶结作用是指成岩过程中孔隙水在沉积物原始孔隙中发生的物理化学和生物化学的沉淀作用。龙王庙组原生孔隙间被多期白云石胶结，是导致龙王庙组原生孔隙急剧减少的主要原因。

1. 第一期海底纤状白云石胶结

这期白云石胶结物围绕颗粒呈等厚环边状向外生长，通常形成于海底成岩环境，胶结产物主要是文石、微晶方解石以及纤状方解石胶结物，后被白云石交代。这期白云石胶结物多出现在高能滩堆积的颗粒白云岩中，受后期重结晶等作用影响，纤状白云石胶结物内部结构遭受破坏，变得模糊不清，仅以环边的形式围绕颗粒分布(图 5-2a)。该期白云石胶结物地球化学特征及阴极发光特性与颗粒白云岩一致(图 5-2b)。

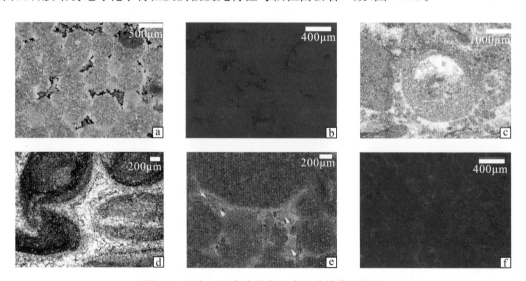

图 5-2　研究区下寒武统龙王庙组胶结作用特征

a. 亮晶鲕粒白云岩，第一期环边胶结，高石 6 井，4545.99m，单偏光；b. 砂屑白云岩，第一期环边胶结发光性与颗粒一致，磨溪 12 井，4639m，阴极发光；c. 鲕粒白云岩，粒内溶孔被白云岩充填形成示顶底构造，磨溪 12 井，4678.73~4678.91m，单偏光；d. 亮晶豆粒白云岩，见三期胶结物，第一期栉状胶结(红色箭头)，第二期马牙状胶结(蓝色箭头)，第三期粒状胶结(黄色箭头)，乐山范店，单偏光；e. 鲕粒白云岩，第三期粒状胶结，高石 10 井，4655.30m，单偏光；f. 砂屑白云岩，第三期粒状胶结在阴极发光下较颗粒更亮，荷深 1 井，4746m，阴极发光

2. 第二期大气淡水粒状白云石胶结

大气水成岩环境包括渗流带和潜流带，在渗流带中形成的填隙物主要为新月型或悬

垂状胶结物，以及由泥晶方解石胶结物组成的渗流粉砂，如大气淡水渗流环境中形成的具有示顶底构造的粒内溶孔，下部为渗流粉砂，上部为亮晶方解石，然后经过白云岩化作用成为白云石(图 5-2c)。潜流带内多形成以等轴细粒状、等厚叶片状粉、细晶方解石为代表的胶结物，它们一般沿原生孔隙的环边胶结物外缘生长，并与之呈胶结"不整合"(图 5-2d)，也可作为"第一期"胶结物充填于早期大气淡水溶蚀形成的次生孔隙中，如大气水渗流环境中形成的鲕模孔在大气淡水潜流带被较粗大的粒状方解石所胶结和充填。

3. 第三期浅埋藏粒状白云石胶结

浅埋藏白云石胶结物大多形成于早期胶结物充填后的残余原生孔隙内部，呈粉晶近等轴粒状镶嵌接触，具明显的充填组构特征(图 5-2d)。晶体干净明亮，他形—半自形，充填于粒间，是造成原生孔隙度降低最重要原因，甚至可将原生粒间孔全部充填。这期白云石胶结物在颗粒白云岩中分布较均匀，颗粒间均可见，由于受后期重结晶影响，这些白云石晶粒大小有所增大(图 5-2e)。在阴极发光照射下，这期白云石发暗红色光，较基岩更亮(图 5-2f)。

5.1.3　充填作用

充填作用是指次生孔隙被物理或化学成因的矿物、机械产物等充填，其结果是在次生孔隙内发生晶体的生长和填充，最终导致岩石孔隙被堵塞。充填作用是破坏研究区龙王庙组储层孔隙和降低孔隙度的最主要因素之一，可发生在大气淡水成岩环境、埋藏成岩环境和表生成岩环境。这类充填作用在滩相沉积的颗粒岩中十分发育，主要形成在溶蚀孔洞、缝中，充填产物主要有白云石、方解石、石英、黄铁矿、沥青以及机械碎屑物等。

1. 白云石充填

白云石充填主要指以化学沉淀作用形成在溶蚀孔、洞、缝中的白云石晶体。龙王庙组地层在进入浅埋藏环境后，由近地表岩溶作用形成的溶洞、缝中可被不同的白云石充填。在这些溶洞、缝中常具有第一期的沿缝壁生长的自形晶白云石，形成雾心亮边白云石，该期白云石在阴极发光照射下发暗红色光，且具有环带状结构(图 5-3a)。该期白云石充填后，由于地下热水上涌的影响，洞、缝中充填了少量粗粒或畸形白云石晶体，它们位于颗粒粒间溶蚀孔隙、构造缝中，以及未被充填的缝合线、溶扩缝和溶洞中。晶粒明亮粗大，大小一般为 0.1～3mm(图 5-3b)。畸形白云石在偏光显微镜下具波状消光，与早期自形细粒白云石充填物呈不整合接触，二者之间常有少量炭质沥青膜的存在。

随着上覆地层的沉积，龙王庙组进入深埋藏环境，剩余的孔洞缝中被粗—巨晶的它形晶充填。该期白云石充填物在阴极发光照射下发暗红色光(图 5-3c)，发光强度低于自形程度好的白云石晶体。该期白云石可降低次生孔隙。

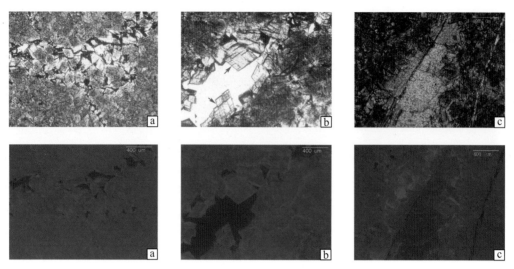

图 5-3　研究区下寒武统龙王庙组白云石充填作用特征

a. 细晶雾心亮边白云石充填物，磨溪 17 井，4637.09m，单偏光及阴极发光；b. 粗晶白云石充填物，磨溪 13 井，4620.56m；c. 巨晶白云石充填物，荷深 1 井，4760m

2. 方解石充填

以中—粗晶为主，乳白或肉红色，呈脉状充填裂缝或呈斑状出现在溶孔、洞中（图 5-4a）。从盆地西部到东部其充填程度渐强，荷包场、螺观场等地尤为发育。微观镜下，方解石自形程度差，多为连晶胶结将孔隙全充填（图 5-4b），方解石表面可见裂纹。

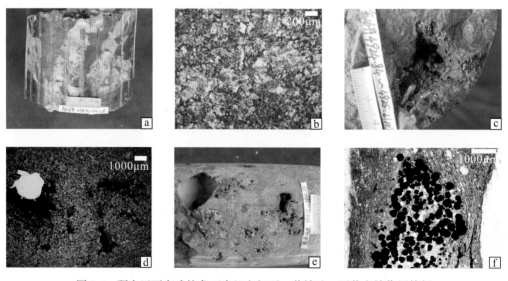

图 5-4　研究区下寒武统龙王庙组方解石、黄铁矿、石英充填作用特征

a. 肉红色方解石充填裂缝，高石 23 井，4741.50m；b. 方解石连晶胶结将孔隙全部充填，荷深 1 井，4747.56m，单偏光；c. 自形程度好的石英充填溶洞，磨溪 26 井，4925.21m；d. 石英充填溶孔，磨溪 202 井，4647.37m，正交光；e. 黄铁矿充填在溶蚀孔洞中，磨溪 26 井，4924.84m；f. 溶洞充填的泥质和黄铁矿晶体，磨溪 17 井，4620.19m，单偏光

3. 石英充填

在裂缝、溶孔、洞被多期白云石和方解石充填后的残余孔隙内,有时可见石英充填。石英在多口钻井岩芯中均有出现,晶形呈较完整的六方双锥状(图 5-4c)。单偏光下,石英无色透明,自形程度高,正交光下,呈高级灰干涉色(图 5-4d)。其成岩环境已属于深埋藏阶段,这类石英常充填次生孔隙的 1%~5%,局部可全充填。

4. 自生黄铁矿充填

研究区黄铁矿主要有两种类型。一类是分散状零星分布于龙王庙组白云岩中,黄铁矿晶形较差,可能形成于埋藏早期,在还原条件下孔隙水中的铁离子和硫离子自由结合形成。另外一类是与岩溶相关,集中出现在溶沟、溶洞且与其他岩溶充填物伴生的,这类黄铁矿多以集合体大量出现(图 5-4e),颜色金黄,晶形较好,微观镜下呈黑色,不透光(图 5-4f)。黄铁矿充填所占比例较小,对龙王庙组储层孔隙影响甚微。

5. 机械充填

龙王庙组地层中还有一类与表生期岩溶作用有关的机械充填。受加里东—海西构造运动影响,川中地区龙王庙组抬升至近地表环境,遭受了大气淡水对地层的岩溶改造作用,形成了大量的溶孔、溶洞、溶缝、溶沟等。然而这些溶蚀空间多被机械充填,这类充填物主要以黑灰色泥质以及岩溶角砾杂乱充填在溶洞、溶沟(图 5-5a、图 5-5c),常与上述的黄铁矿集合体伴生出现(图 5-5d)。此外,还充填了大量的粉砂级的白云石渗流物(图 5-5e),由于与大气淡水氧化环境有关,这些白云石粉屑在阴极发光下以发较明亮的红光为特征(图 5-5f)。

6. 沥青充填

龙王庙组的孔、洞、缝等储集空间除受到上述化学成因矿物的充填以外,其残余空隙在油气运移的过程中常常被沥青所充填。沥青的充填作用使原有的孔隙和喉道变小,降低了储层的孔隙度和渗透率,是破坏性的成岩作用。

在研究区中部磨溪圈闭周缘数口钻井岩芯中发现龙王庙组孔洞被沥青充填严重,如磨溪 16 井龙王庙组储层段多达 80%以上的孔洞被沥青充填(图 5-5g,图 5-5h,图 5-5i),有效孔隙度极低,沥青在圈闭低部位的充填表明龙王庙组气藏可能属于近原地的裂解性气藏,天然气聚集在圈闭高部位,而沥青等重质组分则残留在圈闭低部位。

5.1.4　重结晶作用

碳酸盐沉积物中的小矿物质点,由于具有较大的比表面积和较多的面和棱角,其不饱和键也多,因而易于溶解,被溶解的物质向邻近较大颗粒的外侧发生沉淀再结晶,使晶体增大的作用称之为重结晶作用(Coniglio et al.,2003)。重结晶的强弱受到多种因素的控制,一般情况下,随埋藏深度的增加和温度的升高,重结晶作用增强,晶粒变大。

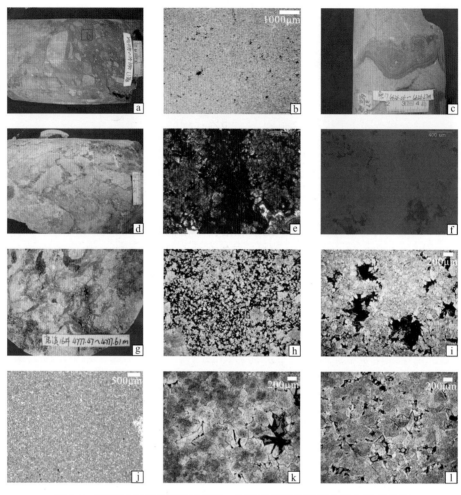

图 5-5　研究区龙王庙组机械充填、沥青充填机重结晶作用宏微观特征

a. 溶洞被黑色泥质、角砾充填，磨溪 17 井，4621.40m；b. 溶洞中的泥质充填物微观特征，磨溪 17 井，4621.40m，单偏光；c. 溶沟充填黑色泥质及黄铁矿，磨溪 17 井，4626.27m；d. 溶沟充填角砾、泥质及黄铁矿集合体，磨溪 20 井，4608.08m；e. 岩溶渗流白云石，磨溪 12 井，4632m，单偏光；f. 照片 e 的阴极发光照片，渗流白云石呈亮红色，磨溪 12 井，4632m；g. 溶蚀孔洞被沥青充填呈现黑色斑状，磨溪 16 井，4777.47～4777.61m；h. 晶间孔隙被沥青充填，磨溪 16 井，4776.77m，单偏光；i. 粒间孔隙被沥青充填，磨溪 16 井，4755.54m，单偏光；j. 细粉晶白云岩，晶粒细小，孔隙不发育，磨溪 13 井，4637.34m，单偏光；k. 细—中晶白云石，具残余颗粒结构，晶体边缘具有亮边，磨溪 202 井，4669.09m，单偏光；l. 细晶白云岩，晶间孔较为粗大，磨溪 202 井，4674.29m，单偏光

　　对处于相同埋藏条件下的龙王庙组白云岩，重结晶作用的强弱除了受成岩温度的控制以外，岩石本身的结构组分影响更加重要。如富含泥质或有机质等不溶残余物的深色泥晶白云岩和泥质泥晶白云岩，重结晶前后的结构特征变化不大，白云石晶粒仍然以泥—微晶为主(图 5-5j)；而对于几乎不含不溶残余物的浅色泥晶白云岩、砂屑白云岩及其他颗粒白云岩，重结晶作用明显更加强烈，形成具(或不具)残余颗粒结构的粉晶—细晶白云岩，局部可达中晶，这些白云石晶体边缘常发育亮边(图 5-5k)。根据铸体薄片和扫描电镜观察发现，重结晶作用虽未直接提高岩石的总孔隙度，但却一定程度上改变了

岩石的原始孔隙结构。在重结晶作用过程中，白云石晶体增大，早期泥晶白云石晶粒之间众多孤立的未连通的细小孔隙经过调整，并重新组合形成较为粗大的白云石晶体之间的孔隙(图 5-5l)；同时，新形成的晶间孔喉道变得更加光滑平直，进而增加了岩石的有效孔隙度和渗透率，这种储渗性能的改善又为后期水溶液的运移提供了良好的流体通道，为次生溶蚀孔、洞的产生奠定了基础。因此，重结晶程度越强的岩石，越有利于后期溶蚀作用的进行，储集性能也越好。

5.1.5　白云岩化作用

研究区龙王庙组基本都是白云岩，它们的结构类型繁多，成因复杂。有关白云岩化作用和白云岩成因机理的研究一直是碳酸盐岩研究中最复杂和最难解决的问题之一，但有一点已取得共识，即地质历史中绝大多数的块状白云岩是交代成因，而充填孔、洞、缝的白云石则可以从地层流体中直接沉淀生成。通过对研究区龙王庙组储层的岩芯观察和镜下薄片分析，组成龙王庙组白云岩的白云石晶体大小不一，自形程度有别，结构特征各异，包括泥微晶白云石、粉晶白云石、细晶白云石、中粗晶白云石、雾心亮边白云石、马鞍状白云石等。这些白云石组成了颗粒白云岩、具残余颗粒结构的晶粒白云岩和泥晶白云岩等。本书认为研究区龙王庙组分布广泛的白云岩主要形成在早期，与沉积期海水密切相关。但由于龙王庙组白云岩类型众多，且优质储层均发育在白云岩地层中，因此，针对龙王庙组不同白云岩(石)的成因将在第六章白云岩成因机理中另行讨论。

5.1.6　溶蚀作用

溶蚀作用是酸性地下水或大气淡水使碳酸盐岩发生的选择性或非选择性溶解并产生孔洞的成岩作用(James et al.，1988)。在一定地质背景下，溶蚀作用使致密的碳酸盐岩发生溶解，溶解导致孔隙的产生以及孔隙的连通，致使储层孔隙度、渗透率增加，改良储层的性能，是形成优质储层的根本原因。研究区龙王庙组溶蚀作用极为发育，具有明显的多期次特征，形成了大量的溶蚀孔洞。其中，发育在颗粒内部的粒内溶孔以及石膏假结核多认为与早期大气淡水选择性淋滤有关；而在岩芯上见到的大量顺层分布的拉长状溶蚀孔洞则主要由表生期岩溶作用形成；埋藏阶段与有机质成熟及液态烃热演化有关的两次有机酸溶蚀作用也对储层进行了改造，形成了一定数量的溶蚀孔洞，其中部分被沥青充填。由于溶蚀作用具有多期次，并且各期溶蚀相互叠加改造导致溶蚀现象较为复杂，而龙王庙组储层又主要为溶蚀孔洞型储层，因此，本书将在第六章对龙王庙组的各类溶蚀作用及成因机理专门进行讨论。

5.2　储层成岩序列

通过上述对川中地区龙王庙组储层各类成岩作用特征的分析，根据它们出现的先后次序，建立区内龙王庙组成岩序列。如图 5-6 所示，研究区下寒武统龙王庙组储层自沉积后进入同生—准同生成岩阶段，主要发生了海底胶结、同生期大气淡水选择性溶蚀以及早期白云岩化作用，后进入浅埋藏阶段遭受来自上覆地层的机械压实作用，但由于碳酸盐岩沉积后很快被化学胶结，因而压实作用影响不大，形成少部分的压实变形，而来源于上覆地层孔隙中保存的海水将向下渗流发生胶结。加里东期构造抬升使得龙王庙组地层被抬升至近地表环境，遭受到大气淡水的改造，形成了少量的溶洞、溶沟产物及大部分顺层溶蚀孔洞。之后地层继续进入埋藏，与液态烃相关的流体沿早期的孔洞缝进入地层进行溶蚀改造，形成了现今的龙王庙组储层。

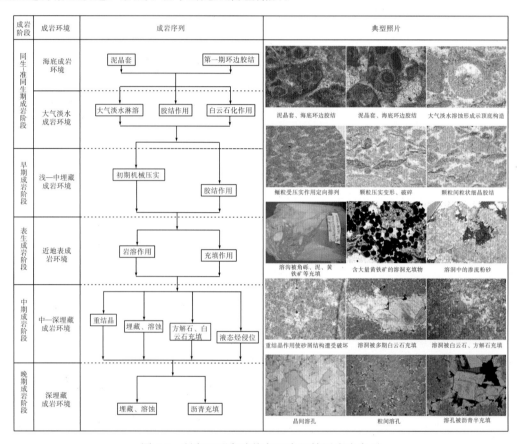

图 5-6　研究区下寒武统龙王庙组储层成岩序列

第6章 白云岩成因机理

6.1 白云岩(石)特征

根据白云石的产出状况，川中地区下寒武统龙王庙组白云岩(石)可大致分为基质白云岩和充填白云石(表 6-1)。基质白云岩，即前面章节所提到的龙王庙组中的各类白云岩，包括颗粒白云岩、晶粒白云岩、泥微晶白云岩等，这类白云岩目前多认为是交代成因，经过白云岩化作用后原岩的原始沉积结构组分以及沉积构造遭到破坏，形成一些具(或不具)原岩沉积结构的不同类型白云岩。充填白云石即白云石充填物，是指在裂缝、溶孔、溶洞中充填的不同期次和不同大小的白云石晶体或白云石集合体，其形成时间较晚，这类白云石的成因与基质白云岩大为不同。

对于白云岩成因的研究对区内龙王庙组白云岩储层的分布预测等具有重大意义，而其中基质白云岩的成因尤为重要。充填白云石对龙王庙组储层的影响较小。

表 6-1 研究区下寒武统龙王庙组白云岩(石)类型

类型	亚类	主要特征	形成时间
基质白云岩	颗粒白云岩	砂屑白云岩、鲕粒白云岩、砾屑白云岩	早
	泥—粉晶白云岩	原始结构保存较好	早
	晶粒白云岩	细晶、中晶，具(或不具)残余颗粒结构	早
充填白云石	晶粒白云石	中晶、粗晶、巨晶	中—晚

6.1.1 基质白云岩

研究区下寒武统龙王庙组基质白云岩包括了三种类型：泥—粉晶白云岩、颗粒白云岩以及晶粒白云岩。其中晶粒白云岩包括不具残余颗粒结构的晶粒白云岩和具残余颗粒结构的晶粒白云岩，二者的区别在于是否具残余颗粒结构，它们可借助于普通偏光显微镜或在阴极射线下加以区分。具残余结构的晶粒白云岩多由颗粒灰岩经过白云岩化和重结晶作用转化而来，其特征是在普通偏光显微镜或阴极射线下隐约可见砂屑和鲕粒的残余结构(幻影结构)。研究表明，龙王庙组基质白云岩中的细晶及以上晶粒大小的晶粒白云岩90％具残余颗粒结构。下面将对每一种基质白云岩进行描述。

1. 泥—粉晶白云岩

泥—粉晶白云岩包括了由泥微晶—粉晶级别的白云石晶粒组成的白云岩，手标本观察下为深灰色块状，含有少量保存较完好的生物化石和大小为 0.2～10mm 的圆形石膏假结核(图 6-1a)，岩石中水平层理发育。泥—粉晶白云岩主要由他形的泥—粉晶白云石构成，晶体大小为 20～50μm，平均 40μm。白云石在阴极射线下发极弱的暗红色光(图 6-1b)。

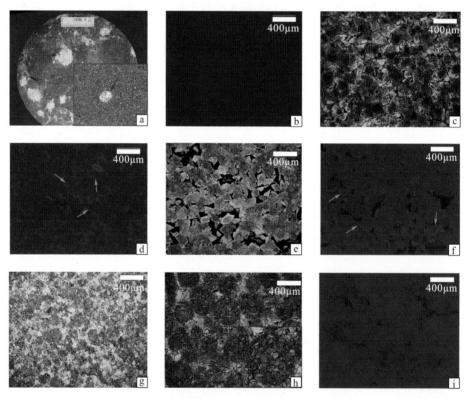

图 6-1　研究区下寒武统龙王庙组基质白云岩特征

a. 泥—粉晶白云岩由半自形—他形白云石晶体构成，晶体大小 20～50μm，含圆—椭圆形石膏假结核，磨溪 21 井，4618.95m；b. 泥—粉晶白云岩阴极发光下呈黑—暗红色，荷深 1 井，4749m，阴极发光；c. 细晶白云岩，具残余颗粒结构，自形白云石粒度大小为 100～200μm，具雾心亮边结构，磨溪 202 井，4687.63m，单偏光；d. 细晶白云岩阴极发光下呈暗红色，可见颗粒结构，粒间充填物呈亮红色，荷深 1 井，4746m，阴极发光；e. 中晶白云岩，具残余颗粒结构，白云石为半自形晶，大小为 200～400 μm，具少量雾心亮边结构；f. 中晶白云石雾心亮边结构发光不均，雾心发光暗，两边发光较亮，磨溪 13 井，4617.58m；g. 残余砂屑白云岩，荷深 1 井，4752.23m，单偏光；h. 鲕粒白云岩，磨溪 19 井，4688.4m，单偏光；i. 鲕粒白云岩呈均匀的暗红色，磨溪 12 井，4639.13m，阴极发光

2. 细晶白云岩

手标本观察呈现灰色，沉积构造等已遭受破坏，难以看出其结构。微观镜下观察，细晶白云岩由半径为 100～250μm(平均 150μm)的半自形—自形白云石晶体组成，颗粒残

余结构明显，白云石一般具有雾心亮边(图 6-1c)。阴极发光照射下，白云石发极弱的暗红色光(图 6-1d)。

3. 中晶白云岩

手标本观察呈灰色块状，断面粗糙，沉积结构难以识别。微观镜下观察，中晶白云岩由半径为 $200\sim400\mu m$(平均 $300\mu m$)的他形—半自形白云石晶体组成，这些晶体是交代早期颗粒、胶结物等而形成(图 6-1e)。中晶白云石具有雾心亮边，阴极发光照射下，白云石发极弱的暗红色光(图 6-1f)。

4. 颗粒白云岩

颗粒白云岩在手标本下为浅灰色、浅褐色块状，颗粒结构明显，粒间充填亮晶胶结物。微观镜下观察，颗粒白云岩与具颗粒结构的晶粒白云岩(残余颗粒白云岩)不大相同(图 6-1g)。以磨溪 19 井鲕粒白云岩为例，其鲕粒大小 $300\sim400\mu m$，分选磨圆较好，主要由泥晶—粉晶白云石组成；鲕粒中包含一些长条状、椭圆状的白云石晶屑，晶屑大小 $50\mu m\times20\mu m$，分选一般，常平行于颗粒边缘近圆形排列(图 6-1h)。这种鲕粒白云岩往往与较动荡的水动力条件有关，鲕粒内部包含的白云石晶屑可能为先期沉积物遭受白云岩化后破碎搅动形成，结构完整。颗粒白云岩在阴极发光照射下不发光或发暗红色光(图 6-1i)。

众所周知，白云岩化作用对原岩的沉积结构具有破坏性，早期白云岩化作用交代形成的残余颗粒白云岩结构模糊不清，而原始沉积时形成的颗粒岩结构保留较好。如四川盆地下三叠统飞仙关组互层的鲕粒灰岩和鲕粒白云岩，鲕粒灰岩颗粒结构清晰几乎未遭受破坏(图 6-2a)，而鲕粒白云岩结构不清(图 6-2b)。两者处于相同的层位和深度，埋藏过程中遭受的成岩作用相似，因此，认为白云石在交代颗粒灰岩的过程中往往会破坏原始颗粒结构。

由图 6-2c 与图 6-2d 对比发现，龙王庙组相邻深度段的颗粒白云岩与残余颗粒白云岩结构特征明显不同，通过与铁山 5 井飞仙关组鲕粒白云岩与鲕粒灰岩类比推测，认为两种白云岩成因也大为不同。龙王庙组残余颗粒白云岩可能由早期的颗粒灰岩白云化而成，颗粒结构遭受破坏，而结构保留较好的颗粒白云岩则是沉积时由先期经受了白云岩化的沉积物搅动打碎直接形成颗粒。

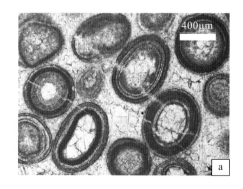

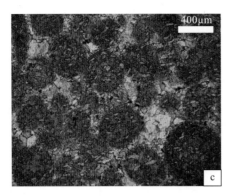

图 6-2 颗粒岩与残余颗粒岩对比图

a. 鲕粒灰岩，铁山 5 井，飞仙关组，3078.9m，单偏光；b. 鲕粒白云岩，铁山 5 井，飞仙关组，3078.3m，单偏光；c. 鲕粒白云岩，磨溪 19 井，龙王庙组，4688.4m，单偏光；d. 残余砂屑白云岩，磨溪 19 井，龙王庙组，4671.43m，单偏光

6.1.2 充填白云石

本书用充填白云石来描述龙王庙组孔、洞、缝中出现的晶粒白云石，它们可以是细晶、中晶、粗晶甚至巨晶白云石(图 6-3a)。这类白云石成因复杂且难以判断，可能是白云石交代方解石，也可能为白云石经过重结晶而成，亦或者是孔隙水直接沉淀的白云石。但多认为是后期充填于先期溶孔、洞、缝中的，因此用充填白云石(或白云石充填物)而不是胶结物来定义此类白云石。本书在龙王庙组白云石充填物中主要识别出了以下三类白云石。

1. 第一期中—细晶、自形—半自形白云石充填物

这类白云石通常作为孔洞或裂缝第一期充填物紧贴缝(洞)壁生长(图 6-3b)。中—细晶白云石晶体自形程度高，晶面平直，具有完整的菱面体结构(图 6-3c)。

2. 第二期中—粗晶、曲面—鞍状白云石充填物

研究区龙王庙组溶洞、缝白云石充填物中可见一类较特殊的白云石—马鞍状白云石，这类白云石因其晶面弯曲呈马鞍状而得名，具有波状消光特征。在研究区中部磨溪地区多口钻井岩芯中均有发现。岩芯上观察马鞍状白云石呈白色或乳白色，晶形粗大(图 6-3d)，具有一定的晶体形态，晶面不平直，多出现在裂缝或与裂缝相关的溶洞中。单偏光下，鞍状白云石为乳白色、灰白色的亮晶白云石晶体，发育独特的尖顶，内部可见内生裂纹(图 6-3b)。正交光下，可见其晶面弯曲，呈刀刃状(图 6-3e)，且具有波状消光(图 6-3f)。溶蚀孔洞中的鞍状白云石晶粒相对较小，粒径为 0.1~0.3mm，为细—中晶；裂缝中充填的鞍状白云石晶粒则相对较大，粒径为 0.8~1.5mm，为中—粗晶白云石。

3. 第三期粗—巨晶、自形白云石充填物

第三期粗—巨晶、自形白云石晶形粗大，部分晶体可达巨晶，自形程度高，内部可见裂纹(图 6-3g)。此类白云石充填物形成时空间充足，晶体不断生长，通常可将溶孔、洞、缝近全充填(图 6-3h)。阴极射线照射下，发光较暗，呈均匀的暗红色(图 6-3i)。

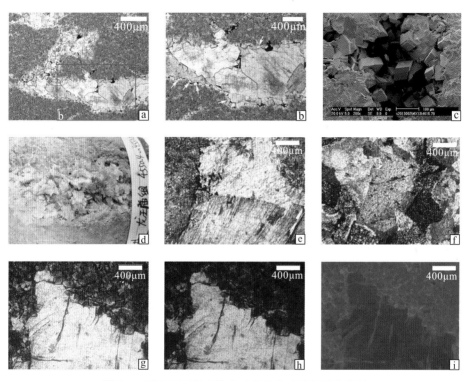

图 6-3　研究区下寒武统龙王庙组白云石充填物特征

a. 溶缝中的白云石充填物，具有多期次，磨溪 13 井，4632.8m，单偏光；b. 照片 a 的局部放大，白云石充填物，首期为自形程度好的细晶白云石晶体(黄色箭头)，第二期为鞍状白云石充填(红色箭头)，第三期为他形粗—巨晶白云石晶体(蓝色箭头)，近全充填孔隙，磨溪 13 井，4632.8m，单偏光；c. 中—细晶白云石充填溶孔，白云石晶体具有完整的菱面体结构，磨溪 13 井，4615.79m，扫描电镜；d. 粗晶鞍型白云石半充填溶洞，高石 6 井，4550.55m；e. 鞍状白云石，白云石晶粒发育尖顶，晶面弯曲，磨溪 13 井，4616.58m，正交光；f. 鞍状白云石晶面弯曲具波状消光，荷深 1 井，4752m，正交光；g. 巨晶白云石全充填溶孔，荷深 1 井，4760m，单偏光；h. 巨晶白云石全充填溶孔，荷深 1 井，4760m，正交光；i. 巨晶白云石全充填溶孔，荷深 1 井，4760m，阴极发光

6.2　地球化学特征

不同成因类型的白云石常常具有不同的地球化学特征，Allan 等(1993)总结概括了四种类型的白云岩及他们的地球化学特征(表 6-2)。但是这种地球化学特征差异并不能完全指示不同的环境，因为对于古老碳酸盐岩地层，白云岩形成之后，后期成岩改造会留下相应的地球化学特征。因此，对于白云岩的成因研究不能仅仅依靠地球化学技术，还必须结合白云岩的岩石学特征、沉积学特征等。

表 6-2 白云岩化过导致的地球化学特征变化（据：Allan et al.，1993）

白云岩化作用	稳定同位素		发光性	微量元素	
	$\delta^{18}O$	$\delta^{13}C$		Sr、Na	Fe、Mn
潮下—潮上	≥海水碳酸盐基线	=海水碳酸盐基线	不	高	低
回流	≥海水碳酸盐基线	=海水碳酸盐基线	不	高	低
海水和大气淡水混合区域	≤海水碳酸盐基线	≤海水碳酸盐基线	多变性	高—低变化	高—低变化
埋藏	<海水碳酸盐基线	≤海水碳酸盐基线	暗淡发光	变化的	高

6.2.1 微量元素

一般说来，与同生期高盐度卤水有关的白云岩化形成的白云石具有较高的 Na、K、Sr 含量，而 Fe、Mn 含量较低（Allan et al.，1993）。其中，不同的 Fe、Mn 含量区间对阴极发光性具有不同的影响机制（黄思静，1992）（图 6-4），碳酸盐岩的阴极发光性与 Mn 的含量关系更加密切，Fe 对于碳酸盐矿物阴极发光的猝灭作用是有限的（黄思静等，2008）。海水中的 Fe、Mn 含量极低。因此一般对海水具有较好代表性的泥微晶灰岩是不具有阴极发光性的。因此，我们可将微量元素特征结合前面白云石阴极发光特性综合分析。本书对研究区龙王庙组不同类型白云岩的主要元素（Ca、Mg）和微量元素（Sr，Na，K，Mn，Fe，Ba）的测定结果（表 6-3）表明：各类白云岩均具有高的 Na、K、Sr 含量，较高的 Fe/Mn 比值及 Mg/Ca 比值，指示其沉积时海水盐度大。

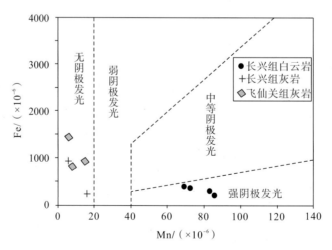

图 6-4 四川盆地长兴—飞仙关组碳酸盐岩阴极发光性与其铁、锰含量关系
（据黄思静，1992；成晓啭，2013 修改）

研究区下寒武统龙王庙组泥微晶白云岩中由于含有较多的泥质，其 Fe 和 K 含量往往高于其他白云岩，Fe/Mn 比值也相对较大，在阴极射线照射下往往不具有发光性（图 6-1b）。砂屑白云岩中的微量元素值与泥粉晶白云岩的微量元素值相似，结合砂屑白

云岩岩石学特征认为砂屑白云岩中的白云石来源于先期形成的交代白云石。细晶白云岩和中晶白云岩 Na、K、Sr 和 Fe 含量均低于泥微晶白云石，因为白云石晶粒在重结晶过程中将导致这些元素的流失（强子同，1998）。细晶白云岩中一些白云石晶体具有雾心亮边结构，其中雾心反映早期原始沉积物的微量元素特征，常具有较高的 Na、K、Sr 含量和较大的 Fe/Mn 比值，在阴极射线下不发光或具有较暗光（图 6-1f）；亮边形成于晚期，在雾心白云石的基础上重结晶加大，物质组份来源于埋藏期外来物质，在阴极射线下发光性较雾心部分明亮。

表 6-3　研究区下寒武统龙王庙组基质白云岩微量元素统计表

岩性	主元素			微量元素					Fe/Mn	Mg/Ca
	Mg/%	Ca/%	Fe/%	Na/%	K/%	Mn/%	Sr/%	Ba/%		
泥粉晶白云岩	16.708	23.975	0.399	0.047	0.237	0.0304	0.0060	0.0011	13.1078	0.6969
	16.063	21.847	0.288	0.047	0.171	0.0124	0.0053	0.0060	23.2071	0.7352
	10.571	15.023	1.017	0.051	2.388	0.0133	0.0068	0.0112	76.7547	0.7037
	15.141	18.348	0.17	0.047	0.063	0.0228	0.0048	0.0013	7.4463	0.8252
	14.358	17.429	0.328	0.047	0.279	0.0191	0.0061	0.0060	17.1458	0.8238
	14.684	17.152	0.175	0.048	0.096	0.0214	0.0058	0.0036	8.1661	0.8561
	9.727	10.591	0.493	0.047	1.154	0.0117	0.0060	0.0097	42.0648	0.9184
	14.321	15.962	0.204	0.045	0.122	0.0085	0.0051	0.0037	24.0566	0.8972
	10.861	12.9	0.906	0.049	1.665	0.0277	0.0043	0.0077	32.6604	0.8419
	14.52	16.099	0.108	0.045	0.033	0.0119	0.0046	0.0019	9.1139	0.9019
	8.712	11.217	0.866	0.054	2.202	0.0204	0.0049	0.0106	42.5553	0.7767
	11.424	19.106	0.858	0.046	1.647	0.0190	0.0040	0.0150	45.2055	0.5979
	16.601	25.594	0.174	0.037	0.073	0.0323	0.0047	0.0055	5.3870	0.6486
	16.319	25.22	0.281	0.036	0.226	0.0142	0.0050	0.0090	19.8587	0.6471
砂屑云岩	15.353	20.545	0.506	0.045	0.363	0.0216	0.0070	0.0113	23.4585	0.7473
	15.026	18.994	0.196	0.046	0.072	0.0322	0.0067	0.0017	6.0945	0.7911
	15.067	18.51	0.368	0.047	0.074	0.0143	0.0082	0.0026	25.6983	0.8140
	14.612	17.571	0.155	0.048	0.065	0.0268	0.0067	0.0021	5.7750	0.8316
	14.644	19.465	0.265	0.046	0.072	0.0244	0.0047	0.0014	10.8696	0.7523
	15.132	18.4	0.234	0.045	0.055	0.0238	0.0052	0.0020	9.8237	0.8224
	14.785	17.465	0.169	0.046	0.049	0.0283	0.0089	0.0070	5.9717	0.8466
	14.431	16.378	0.251	0.045	0.066	0.0137	0.0051	0.0019	18.2811	0.8811
	14.546	16.349	0.141	0.046	0.065	0.0134	0.0048	0.0019	10.5224	0.8897
	14.11	17.95	0.628	0.047	0.871	0.0249	0.0057	0.0039	25.2615	0.7861
	14.578	18.069	0.337	0.047	0.308	0.0190	0.0055	0.0035	17.7743	0.8068

岩性	主元素			微量元素					Fe/Mn	Mg/Ca
	Mg/%	Ca/%	Fe/%	Na/%	K/%	Mn/%	Sr/%	Ba/%		
细晶白云岩	14.401	15.914	0.07	0.046	0.079	0.0252	0.0045	0.0006	2.7822	0.9049
	14.626	16.598	0.175	0.047	0.113	0.0218	0.0051	0.0017	8.0349	0.8812
	14.176	15.817	0.101	0.047	0.205	0.0114	0.0040	0.0068	8.8674	0.8963
	17.22	26.157	0.154	0.035	0.04	0.0247	0.0037	0.0044	6.2475	0.6583
	16.569	25.694	0.116	0.04	0.079	0.0189	0.0055	0.0034	6.1506	0.6449
	14.347	16.751	0.238	0.046	0.096	0.0275	0.0055	0.0018	8.6703	0.8565
	14.072	15.82	0.193	0.045	0.233	0.0132	0.0048	0.0052	14.5770	0.8895
中晶白云岩	15.069	17.924	0.159	0.046	0.038	0.0198	0.0056	0.0134	8.0141	0.8407
	13.188	21.386	0.075	0.041	0.089	0.0149	0.0045	0.0038	5.0471	0.6167

充填白云石的微量元素特征与基质白云岩具有明显差异。从磨溪 17 井以及磨溪 13 井中各选取岩样用电子探针测量溶洞中充填的中粗晶白云石与围岩的微量元素（表 6-4），经过对比发现，溶洞中充填的中粗晶白云石的 Na、K、Sr 元素含量明显较围岩含量低，而 Fe、Mn 元素含量比围岩更高，Fe/Mn 比值较围岩的比值高，因而溶洞中的中粗晶白云岩与围岩细粉晶白云岩在阴极发光上也可明显区分，溶洞充填白云石具有较高铁锰比，在阴极发光照射下显橙红色、红色等亮色，而围岩晶粒云岩与砂屑云岩则发光较暗。上述特征表明，充填白云石形成时的流体环境中的盐度较围岩形成时盐度更低。

表 6-4 磨溪—高石梯地区龙王庙组溶洞充填物与围岩微量元素统计表

井号	井深	岩性	阴极发光	微量元素/%						
				Na$_2$O	MgO	K$_2$O	MnO	FeO	SrO	BaO
磨溪 17 井	4637.09	溶洞充填粗晶白云石	橘红色	0.002	22.007	0	0.051	0.021	0.021	0.018
		基岩（细粉晶云岩）	极暗光	0.005	22.016	0	0.004	0.04	0.073	0
磨溪 17 井	4626.91	溶洞充填粗晶白云石	橘红色	0	22.184	0	0.009	0	0	0.056
		基岩（砂屑云岩）	暗红色	0.011	22.985	0.01	0.013	0.053	0.062	0
磨溪 13 井	4620.56	溶洞充填粗晶白云石	橘红色	0	21.423	0	0.033	0.009	0	0
		基岩（砂屑云岩）	极暗光	0.007	21.156	0	0.031	0.107	0	0

6.2.2　碳、氧同位素

一般说来，如果碳酸盐沉积物形成后受到大气淡水的影响，对应的碳酸盐岩将发生 Sr 的损失和 Mn 的加入（Brand et al.，1980、1981；Veizer，1983a、1983b；Bruck-schen et al.，1995）。因此，人们常将 Mn/Sr<10（更严格的标准是 Mn/Sr<2~3）作为碳酸盐岩保留了原始碳同位素组成的判别标准（Veizer，1983a、1983b；Derry et al.，1989、1992；Kaufman et al.，1995、1997）。通过对龙王庙组不同白云石的微量元素测试分析（图 6-5），发现绝大多数白云岩样品的 Mn/Sr 均小于 5，这表明这些白云岩受后期成岩蚀变改造较小。因此，现今白云石碳同位素值能近似反映白云石形成时的原始碳同位素值。

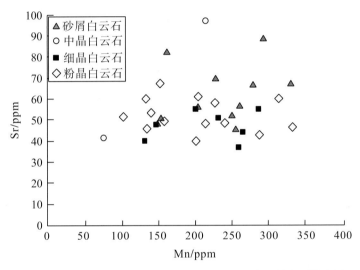

图 6-5　研究区龙王庙组基质白云岩 Sr 和 Mn 含量散点图散点图

从早寒武世海水中的低镁方解石生物壳中所得出的 $\delta^{18}O$ 值范围在 $-9.8‰ \sim -7‰$，$\delta^{13}C$ 值范围在 $-2.2‰ \sim 0.4‰$（Veizer et al.，1997）。方解石与白云石的氧同位素分馏系数在 $1.5‰ \sim 3.5‰$（Major et al.，1992），取平均值 $2.5‰$ 作为此处白云石和方解石氧同位素分馏系数，可计算出理论上早寒武世正常海水白云石的氧同位素为 $-7.3‰ \sim -4.5‰$ PDB。通过对龙王庙组不同基质白云岩的 $\delta^{13}C$ 值及 $\delta^{18}O$ 值的分析测试结果表明（图 6-6），龙王庙组不同白云岩 $\delta^{18}O$ 值分布集中，差异不大。其中细晶白云岩的 $\delta^{18}O$ 值范围为 $-6.44‰ \sim -4.92‰$（平均为 $-5.55‰$ PDB），与早寒武世海水白云岩相似。砂屑白云岩 $\delta^{18}O$ 值范围为 $-7.72‰ \sim -5.72‰$（平均为 $-6.57‰$ PDB），泥晶白云岩 $\delta^{18}O$ 值范围为 $-6.95‰ \sim -5.56‰$ PDB（平均为 $-5.95‰$ PDB），中晶白云岩 $\delta^{18}O$ 值范围为 $-5.68‰ \sim -5.02‰$ PDB（平均为 $-5.36‰$ PDB），几乎全部位于计算出的早寒武世海水白云石范围内。

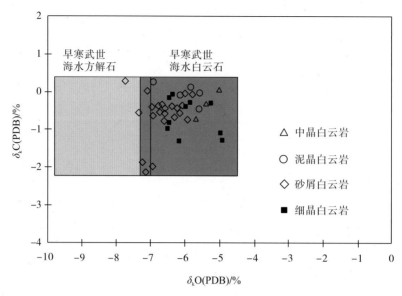

图 6-6　研究区下寒武统龙王庙组基质白云岩的 $\delta^{13}\mathrm{C}$ 和 $\delta^{18}\mathrm{O}$ 散点图

碳同位素在碳酸盐岩沉淀过程中没有明显分馏，因而海相碳酸盐岩 $\delta^{13}\mathrm{C}$ 值的变化可以较好地反映当时海水 $\delta^{13}\mathrm{C}$ 的波动(Romanek et al.，1992)。研究区龙王庙组基质白云岩 $\delta^{13}\mathrm{C}$ 也具有与早寒武世海水同位素类似的特征，其中细晶白云岩 $\delta^{13}\mathrm{C}$ 值范围为 $-1.3\text{‰}\sim-0.05\text{‰}$(平均值为 -0.65‰)，砂屑白云岩 $\delta^{13}\mathrm{C}$ 值位于 $-2.24\text{‰}\sim0.3\text{‰}$(平均值为 -0.63‰)，泥晶白云岩 $\delta^{13}\mathrm{C}$ 值位于 $-0.47\text{‰}\sim0.91\text{‰}$(平均值为 0.11‰)，中晶白云岩 $\delta^{13}\mathrm{C}$ 值位于 $-0.75\text{‰}\sim0.04\text{‰}$(平均值为 -0.35‰)。这些点均落在了早寒武世海水碳同位素值的分布范围内，表明这些白云岩成因与海水密切相关。

6.2.3　海水盐度和温度计算

选取研究区龙王庙组砂屑白云岩为研究对象，通过其碳氧同位素值特征可大致判断其白云岩形成时的环境和温度。根据 Keith 等(1964)提出的利用石灰岩的 $\delta^{13}\mathrm{C}$、$\delta^{18}\mathrm{O}$ 值区分侏罗纪及时代更新的海相石灰岩和淡水相石灰岩的经验公式：

$$Z = a(\delta^{13}\mathrm{C}_{PDB}+50) + b(\delta^{18}\mathrm{O}_{PDB}+50)\quad(a=2.048, b=0.489)\qquad(6\text{-}1)$$

盐度指数 Z 值指示流体古盐度，可以作为判别海陆环境的参考标志。当 Z>120 时为海相，Z<120 时为陆相。通过计算发现研究区龙王庙组砂屑白云岩 Z 值均大于 120(表 6-5)，由此推测龙王庙组白云岩主要为海相成因，受到同生期大气淡水的改造极弱。

同时结合余志伟(1999)提出的利用 $\delta^{18}\mathrm{O}$ 计算白云岩形成的温度 T，计算公式如下：

$$T = 13.85 - 4.54\,\delta^{18}\mathrm{O}_{PDB} + 0.04\,(\delta^{18}\mathrm{O}_{PDB})^2\qquad(6\text{-}2)$$

上述公式是以原始沉积水体与碳酸盐之间同位素平衡为基础而建立的。通过计算得出白云石形成时的海水温度主要为 $40\sim45\text{℃}$，反映砂屑白云岩形成时海水温度较高。这可能与早寒武世龙王庙期气候干燥炎热，海水蒸发、浓缩作用强烈有关，与海水含盐度逐渐提高相对应。

表 6-5　磨溪地区龙王庙组白云岩碳、氧同位数分布表

井名	地层	岩性	$\delta^{13}C_{PDB}$ (‰)	$\delta^{18}O_{PDB}$ (‰)	Z 值/‰	温度 T/℃
磨溪 12 井	龙王庙组	砂屑白云岩	−0.81	−6.44	122.0420	44.7465
磨溪 12 井	龙王庙组	砂屑白云岩	−0.82	−6.43	122.0264	44.6960
磨溪 12 井	龙王庙组	砂屑白云岩	−0.58	−6.52	122.4739	45.1512
磨溪 12 井	龙王庙组	砂屑白云岩	−0.41	−6.68	122.7438	45.9621
磨溪 12 井	龙王庙组	砂屑白云岩	−0.44	−6.32	122.8584	44.1405
磨溪 12 井	龙王庙组	砂屑白云岩	−0.59	−7.30	122.0720	49.1236
磨溪 13 井	龙王庙组	砂屑白云岩	−0.49	−6.52	122.6582	45.1512
磨溪 13 井	龙王庙组	砂屑白云岩	−0.54	−6.11	122.7563	43.0827
磨溪 13 井	龙王庙组	砂屑白云岩	−0.98	−6.44	121.6938	44.7465
磨溪 13 井	龙王庙组	砂屑白云岩	−0.67	−6.83	122.1380	46.7242
磨溪 13 井	龙王庙组	砂屑白云岩	−0.54	−6.61	122.5118	45.6071
磨溪 13 井	龙王庙组	砂屑白云岩	−0.48	−6.16	122.8547	43.3342
磨溪 13 井	龙王庙组	砂屑白云岩	−0.39	−5.99	123.1222	42.4798
磨溪 17 井	龙王庙组	砂屑白云岩	−0.07	−5.92	123.8118	42.1287
磨溪 17 井	龙王庙组	砂屑白云岩	−0.28	−5.86	123.4110	41.8280
磨溪 17 井	龙王庙组	砂屑白云岩	−0.05	−6.35	123.6425	44.2919
磨溪 17 井	龙王庙组	砂屑白云岩	−1.31	−6.15	121.1598	43.2839
磨溪 17 井	龙王庙组	砂屑白云岩	−0.79	−5.83	122.3812	41.6778
磨溪 17 井	龙王庙组	砂屑白云岩	−0.08	−5.70	123.8989	41.0276

然而，仅通过其来判断砂屑白云岩成因显然不够准确，因为碳酸盐岩中 $\delta^{18}O$ 值随着地质历史的变迁发生较大变化：时代越老、成岩作用时间越长，氧同位素交换愈强，$\delta^{18}O$ 值就愈低。所以上述方法的应用受到较大限制，计算出来的温度已不能完全代表原始沉积水体的盐度及温度。虽然如此，该方法仍具有一定参考价值，可定性推测龙王庙组白云岩化作用的大致时间和环境。

6.2.4　包裹体温度

通过对磨溪 12 井、磨溪 13 井以及磨溪 17 井近 30 份样品进行分析化验测试出 78 个包裹体温度。基质白云岩中未检测包裹体，而在溶洞、缝的白云石充填物中尤其是中—粗晶鞍状白云石检测出包裹体，包裹体温度范围集中分布在 120~160℃ 范围内，推算的埋藏深度为 4000~5000m(图 6-7)。结合埋藏史认为这些充填的白云石晶体形成于早侏罗世—早白垩世。以上特征表明，粗晶白云石形成时，孔隙水介质变化较大，成岩环境已属深埋藏阶段。

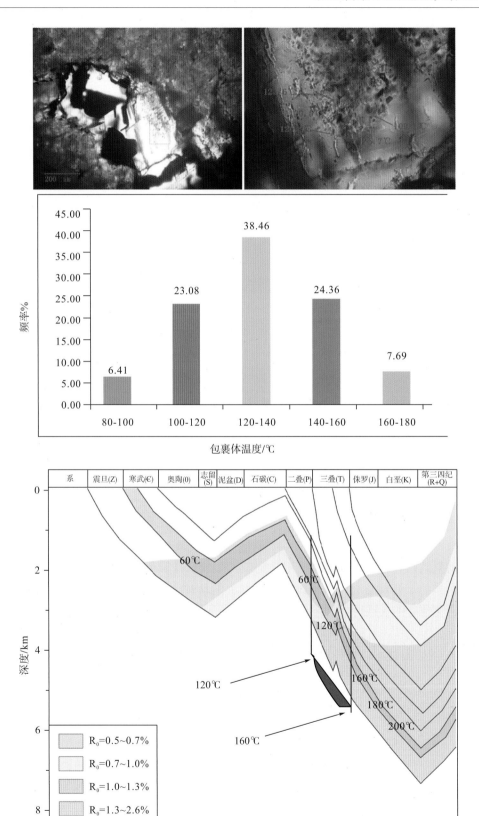

图 6-7　磨溪—高石梯地区龙王庙组溶洞充填物包裹体温度

6.3　白云岩沉积序列

细晶白云岩和中晶白云岩均具有残余颗粒结构，而亮晶砂屑云岩的颗粒结构几乎未遭受任何破坏，表明细晶白云岩和中晶白云岩可能是由早期的颗粒灰岩发生白云岩化作用形成，在此过程中沉积结构遭到破坏；砂屑云岩是由早期形成的白云岩打碎形成，未接受后期白云岩化作用的改造，因而颗粒的结构保存较好。此外，从亮晶砂屑白云岩中的晶屑排列方式可推断当时海水水动力可能由最初的基本静止状态开始逐渐加速，至最后快速消失的海水能量，这可与纵向上的高频沉积旋回对应(图 6-8)。

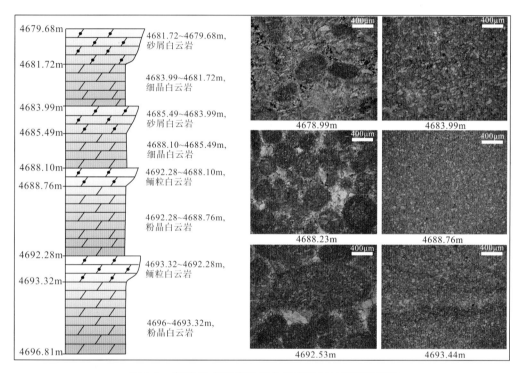

图 6-8　磨溪 21 井下寒武统龙王庙组白云岩沉积序列

6.4　白云岩平面分布

从四川盆地龙王庙组岩相古地理分区图可以看出(图 2-21)，川中地区主要位于局限台地内。从盆地内由西向东南的沉积相连井剖面上看(图 6-9)，该套地层在岩性上具有明显的变化趋势，即盆地西部的资阳地区龙王庙组岩性主要以混积岩为主，白云岩极少；盆地中部地区(研究区)白云岩发育集中，其中磨溪 11 井、女基井、广探 2 井等井区龙王庙组都由颗粒云岩、晶粒云岩或含泥质泥晶云岩构成，同时在研究区颗粒云岩明显增加；盆地东部的座 3 井龙王庙组主要由晶粒云岩及厚层石膏岩组成，缺少颗粒岩，结合盆地区域构造发展史，认为龙王庙沉积期座 3 井区位于川东凹陷区(姚根顺等，2013)，沉积环境为局限台地低洼部位的膏质潟湖；盆地东南部的秀山溶溪露头剖面龙王庙组主要以灰岩沉积为主，仅在上段含有一套晶粒白云岩，沉积环境主要属于水体盐度正常的开阔台地。

6.5 白云岩成因机理

通过上述对研究区龙王庙组基质和充填物不同的白云岩(石)的特征描述可知，基质白云岩无论是岩石学特征还是地球化学特征均与充填物白云石有着明显的不同。本书将分别对这两类白云岩(石)的成因进行分析。

1. 基质白云岩——同生期中等盐度海水白云岩化

前已述及，龙王庙组基质白云岩中，细晶白云岩 $\delta^{18}O$ 范围为 $-6.44‰ \sim -5.86‰$(平均为 $-6.2‰$)，比早寒武世末期正常海水 $\delta^{18}O$ 高(正常海水 $\delta^{18}O$ 为 $-9.8‰ \sim -7‰$)。 $\delta^{18}O$ 较当时海水偏正可由以下几种因素引起：①高浓度蒸发海水的影响；②高浓度蒸发海水与大气淡水混合的影响；③不同蒸发程度下的中等盐度海水的影响。研究区细晶白云岩地层中缺少高盐度蒸发岩(如大量石膏和石盐)可排除第一种；若为高浓度蒸发海水与大气淡水混合成因， $\delta^{13}C$ 值应该偏负，而龙王庙组不同白云岩均缺少 $\delta^{13}C$ 值偏负等典型的混合水白云岩特征。此外，细晶白云岩的 $\delta^{13}C$ 值都落在了早寒武世海水白云石同位素的预测值范围内，进一步支持了白云岩化流体来源于海水的推断。砂屑白云岩的碳、氧同位素值与细晶白云岩的相似并个别重叠，表明砂屑白云岩形成时流体环境与细晶白云岩形成流体环境相似，或者是构成砂屑云岩的组分来源于结晶白云岩，进一步说明白云岩化为同生—准同生阶段发生。龙王庙组沉积序列下部沉积的泥—粉晶白云岩缺少正常的海洋生物群落，普遍为局限且能量低—中等的碳酸盐岩沉积相；同时伴生有少量的椭圆—圆状的石膏假结核，说明海水盐度较高，但盐度值还没有达到石膏大量沉淀的范围，表明沉积期海水为局限—蒸发环境下的中等盐度海水(Penesaline sea water)(Adams et al.，1960)。

中等盐度渗透回流白云岩化流体流动机制与 Mckenzie(1980)所描述的传统回流渗透白云岩化模式相似，由盐度高的海水区向盐度低的海水区运移，进行海水的交换(图6-10)。Sun(1994)对传统渗透回流白云岩化进行修正用以解释地质历史中的温室期缺少大量蒸发岩伴生的米级高频旋回下沉积的白云岩。他推断在广阔的台地内由于反复的海侵—海退旋回所造成的海水盐度增加可以引起大规模的白云岩化。本次研究中的岩石学特征及地球化学特征为 Sun 的假设提供了新的证据。

四川盆地龙王庙组下覆地层沧浪铺组具有一套紫红色碎屑岩(即区域上的"下红层")，反映当时气候干旱。至龙王庙期海平面快速上升，川中地区处于蒸发—局限台地内部。受乐山—龙女寺水下古隆起影响，研究区位于水下古隆起核部—翼部，具有水体浅且较易暴露的特征，向东则过渡为地貌较低的局限潟湖。受蒸发作用影响，高盐度海水由于重力作用向低洼的局限潟湖底部聚集(即"深盆浓缩")，沉淀了厚层石膏，石膏析出后盐度降低，流体将向上层流动，并在纵向上由于盐度差异形成密度跃层，不同密度

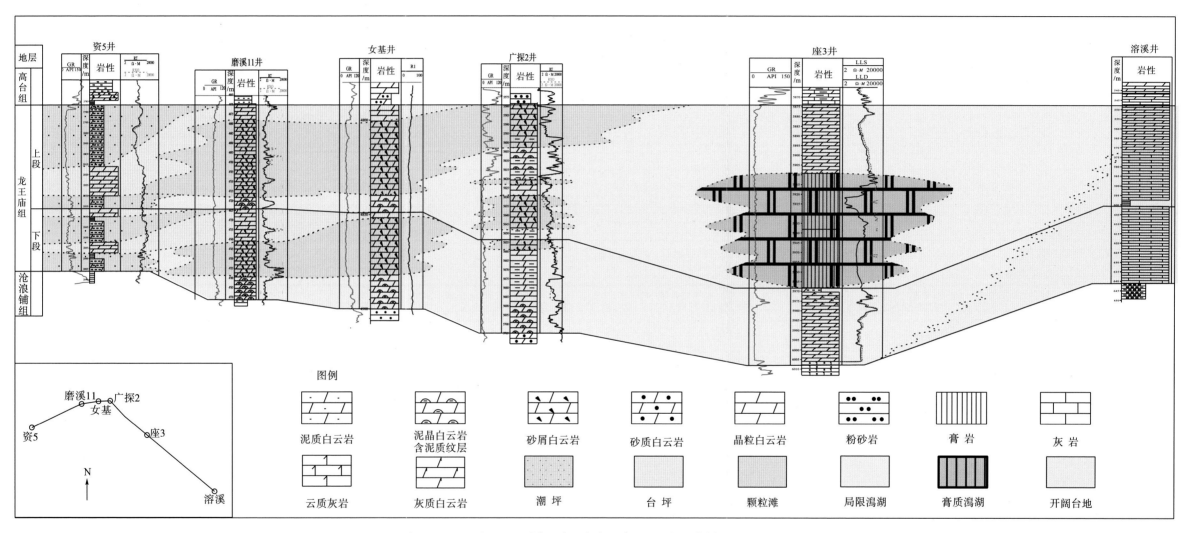

图6-9　四川盆地东西向龙王庙组沉积相连井剖面

的流体将发生交换和流动，而潟湖上层海水盐度由于纵向上流体的交换以及来源于东边广海正常盐度海水的自由流入，为生理盐度海水，即适宜于生物生长的正常海水盐度（Adams et al.，1960）。值得注意的是，潟湖底部的高盐度流体可向下发生渗透回流，导致下伏早期碳酸盐岩沉积物发生白云岩化，形成传统意义上的渗透回流白云岩，这与座3井区厚层石膏岩与白云岩伴生现象相吻合（图 6-9）。然而潟湖底部的高盐度海水无论从物理学角度还是水文学角度上来讲，都不具有足够的能量侧向流动至水下古隆起高地。

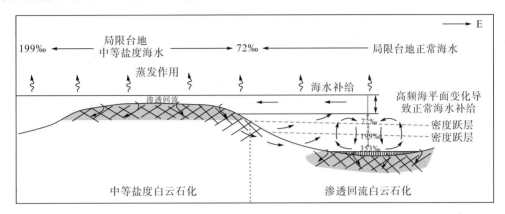

图 6-10　川中地区下寒武统龙王庙组白云岩化模式

由于研究区处于乐山—龙女寺水下古隆起东侧的核部—翼部，当蒸发作用较弱或海平面升高，盐度较低时，主要堆积了一套灰质沉积物；在海平面较低时，受蒸发作用的影响，海水盐度升高，而高频海平面升降变化造成水下隆起处自由流体的补给，使沉积水体成为一种较蒸发的中等盐度水体，此时海水盐度尚未达到石膏的大量沉淀。前已述及，水下古隆起东边的潟湖上层海水为盐度较低的生理盐度海水，这些形成于水下古隆起的中等盐度海水由于与东边潟湖表层海水的盐度差可以发生侧向渗透回流作用，形成一个大规模的水体流动交换体系，海平面持续升降变化导致的咸化程度不同的中等盐度海水可长期对下覆及侧向的碳盐酸盐岩沉积物进行白云石交代作用，形成具有一定规模且厚度较大的白云岩。

2. 充填白云石——埋藏白云石充填成因

溶孔、洞、缝中充填的白云石与龙王庙组基质白云石无论是地球化学特征还是阴极发光特征均具有明显差异。前已述及，研究区龙王庙组分布广泛基质白云岩（颗粒白云岩、晶粒白云岩以及泥微晶白云岩）均形成于早期海水环境，由蒸发作用与高频海平面变化共同引起的中等盐度海水的渗透回流造成的白云石交代反应，而在龙王庙组孔洞中充填的白云石晶体则形成于埋藏期。其中自形程度较好的粉—细晶白云石晶体形成时间最早，在早埋藏期从孔隙水中直接沉淀产生。

目前，诸多研究认为鞍状白云石多与热液影响有关（Machel，1987），近年来，北美地区白云岩的勘探实践表明，鞍状白云石的出现往往预示着优质储集体的存在，这在塔里木盆地也具有类似情况（刘迪，2013）。研究区下寒武统龙王庙组有三期不同的埋藏白云石充填在溶蚀孔洞缝中，其中鞍状白云石认为是埋藏热液成因，表现为由明亮的粗粒白云石和自形石英矿物伴生。一般说来，埋藏白云石的稳定同位素成分通常显示出低的氧同位素值和高的碳同位素值，反映出高的形成温度和有机质热成岩作用过程中轻碳的输入。研究区埋藏热液充填阶段大致发生在中—晚二叠世，可能与峨眉山火山作用(朱传庆等，2010)密切相关。然而，对研究区而言，下寒武统龙王庙组中鞍状白云石的分布少、范围局限，但就其与储层的关系而言，目前暂未发现其对龙王庙组储层演化的影响。

龙王庙组溶洞中充填的第三期粗—巨晶白云石充填时间为第一期埋藏溶蚀作用之后。有机质排烃之前释放有机酸对地层进行溶蚀，溶蚀—沉淀是一个化学动态过程，过饱和的孔隙水在空隙中沉淀形成白云石晶体。此后，石油充注到龙王庙组残留的空隙中，将阻止白云石晶体的继续沉淀和生长，从现今观察到的沥青充填特征可以推测这期白云石晶体的沉淀早于石油的充注。

6.6 白云岩化与孔隙成因关系

自然界中的白云石主要有两种成因类型：一种是交代成因，即通过白云岩化作用形成；另一种是原生成因，即通过沉淀形成，这些白云石可以直接从水溶液中沉淀出来，形成沉积物或者是沉淀出来充填于原生孔或次生孔中形成白云石胶结物。对应的白云岩也有两种：交代白云岩和原生白云岩，其中交代白云岩在自然界中更加普遍。本书已在前面章节对龙王庙组白云岩的成因进行了分析，认为龙王庙组白云石来自早期方解石的交代作用，龙王庙组白云岩是交代白云岩。

对于原生白云石和次生白云石的形成，可以通过以下四个反应来表示，并且每种化学反应对岩石原始孔隙度影响各不相同(黄思静，2010)。

1. 等摩尔交代

$$2CaCO_3 + Mg^{2+} \longrightarrow CaMg(CO_3)_2 + Ca^{2+} \tag{6-3}$$

在等摩尔交代过程中，白云石对方解石的交代是克分子对克分子进行的。方解石的摩尔体积为 $36.93cm^3/mol$，白云石摩尔体积为 $64.39~cm^3/mol$，按照上述反应，当白云石交代方解石时，摩尔体积会缩小 14.8%；即在不考虑岩石原有孔隙度的影响的情况下，当方解石全部被白云石交代后，晶体体积减小，从而导致岩石总孔隙度增加 14.8%。

2. 过白云岩化

$$CaCO_3 + Mg^{2+} + CO_3^{2-} \longrightarrow CaMg(CO_3)_2 \tag{6-4}$$

该反应代表的是在开放体系中，大气中的 CO_2 溶于水形成与白云岩化作用有关的 CO_3^{2-}，与流体中的 Mg^{2+} 共同结合一个固相 $CaCO_3$ 分子形成白云石。此过程没有发生原来方解石的溶解，也即没有离子被带出，白云岩化作用可能更好地保存原有岩石结构，导致岩石变得更加致密(黄思静等，2007)。如果参加反应的 $CaCO_3$ 矿物是方解石，则白云岩化过程中固相体积增加 42.6%，如果参加反应的 $CaCO_3$ 矿物是文石，则白云岩化过程中固相体积增加 47%(黄思静等，2007)。此类白云岩化过程是过白云岩化，其结果是导致原岩孔隙度不仅没有升高反而降低。

3. 等体积交代

$$(2 - X)CaCO_3 + Mg^{2+} + XCO_3{}^{2-} \rightarrow CaMg(CO_3)_2 + (1 - X)Ca^{2+} \tag{6-5}$$

该反应是一个方解石白云岩化的通式，它包括了式(6-3)和式(6-4)。当 $X = 0$，就变成了式(6-3)；当 $X = 1$，则为式(6-4)。式(6-3)必须要有镁离子的输入以及钙离子的输出，而式(6-4)则没有钙离子的输出。X 的取值介于 $0 \sim 1$ 之间时，其化学计量数的范围代表了介于式(6-3)和式(6-4)之间的中间反应(黄思静，2010)。在此白云岩化过程中岩石中总的孔隙含量基本未发生改变，我们将其称为等体积交代。

4. 原生白云石

$$Ca^{2+} + Mg^{2+} + 2CO_3{}^{2-} \rightarrow CaMg(CO_3)_2 \tag{6-6}$$

该反应代表的是水溶液中的离子直接结合形成镁钙比为 1 或接近 1 的白云石，即原生白云石。对于沉积期从海水或湖水中直接沉淀的原生白云石，不存在对储层孔隙影响的问题。然而，后期从地下水中直接沉淀充填到溶蚀孔洞的原生白云石，对于储层来说则是十分不利的，其影响相对于白云石充填到孔隙中降低储层孔隙度。

从上述化学反应可知，实际地质条件下，碳酸盐岩矿物白云岩化过程中岩石孔隙度的变化是非常复杂的，它既可以增加(等摩尔交代)、保持(等体积交代)也可以减少(过白云岩化)原有岩石的孔隙度。但在地质历史上白云岩并不是一成不变的，可能还会遭受其他白云岩化的改造。但是白云岩一旦形成，在埋藏过程中对孔隙的保存比石灰岩更好。据统计，埋藏深度较浅的地层中，石灰岩比白云岩具有更高的孔隙度，而在深埋地层(如深度大于 2000 m)中，则白云岩具有比石灰岩更高的孔隙度(Schmoker et al.，1982)(图 6-11)。

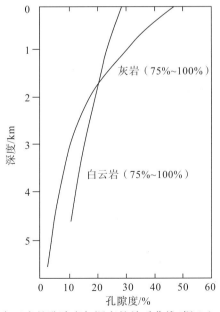

图 6-11 石灰岩和白云岩的孔隙度与深度的关系曲线(据 Schmoker et al.，1982)

　　关于白云岩化过程是否会增加岩石的孔隙度，目前仍存在较大的争议。虽然很多白云岩的孔隙度都较灰岩高，但也同样存在致密的白云岩。实际地质条件下，碳酸盐岩矿物白云岩化过程中岩石孔隙度的变化是非常复杂的。白云岩化过程可以增加、不变甚至减少孔隙度，所以，白云岩化作用被看作是中性的。

　　对于研究区龙王庙组白云岩储层而言，白云岩化过程是否增加了孔隙我们不得而知，但可以确定的是白云石作用形成的广泛的白云岩对后期储层的演化具有明显的控制作用，因为现今白云岩中确实发育了良好的储层，然而，仅有白云岩化作用是不可能形成现今龙王庙组优质储层大量发育的溶蚀孔洞的，必定有其他的地质作用，特别是溶蚀作用参与到储层的演化过程中。

第 7 章　储层溶蚀机理

通过对研究区下寒武统龙王庙组岩芯观察、镜下薄片鉴定、阴极发光和气液包裹体测温、微量元素的分析，认为龙王庙组溶蚀作用具有多期性，先后经历了多期溶蚀作用的叠加改造，最终形成了现今的溶蚀孔洞。同生期大气淡水选择性溶蚀是最早期的溶蚀作用；加里东构造抬升引起的区域暴露不整合造成了龙王庙组抬升至近地表接受大气水古岩溶作用；在埋藏过程中，尤其是中—深埋藏条件下遭受了有机酸埋藏溶蚀作用。这三类溶蚀作用发育于不同深度和不同地质条件下，从沉积到成岩、构造变形的整个过程中，均伴随着溶蚀的发生，是一个持续不间断的过程。岩石溶蚀过程中同样伴随着流体沉淀作用，二者最终将处于动态平衡状态，直至外来流体进入引起微区流体元素改变，新的溶蚀作用继而发生。因此，现今讨论的溶蚀作用是历次溶蚀作用的综合，反映出现今所见的碳酸盐岩孔、洞、缝等储集空间形成与演化所经历的过程。本书根据龙王庙组溶蚀作用发生的时间和环境的不同，将溶蚀作用分为同生—准同生期溶蚀作用，近地表岩溶作用和埋藏溶蚀作用。

7.1　同生—准同生期大气淡水溶蚀作用

颗粒滩沉积之后不久，海平面相对下降，滩体中的砂屑、鲕粒和生物碎屑还主要由文石和高镁方解石组成，它们在海底环境中是稳定矿物，可当出现在大气淡水环境中时成了不稳定矿物，大气淡水极易对这些不稳定矿物发生选择性溶蚀而形成粒内溶孔和铸模孔（Longman，1980；James et al.，1983、1988；王恕一等，2010；Hollis，2011）。但这些早期形成的溶蚀孔洞不易保存，从龙王庙组岩芯和薄片观察中发现，多数早期形成的粒内溶孔、铸模孔等均被后期充填（图 7-1），如岩芯上大量分布的石膏假结核就是石膏铸模孔被白云石全充填；镜下观察发现绝大多数早期形成的粒内溶孔、铸模孔等多被白云石、石英、沥青充填（图 7-1），为现今储层的无效孔。

同生—准同生期，随着海平面的频繁升降，沉积物常周期性暴露地表，遭受大气淡水淋滤从而发生岩石的溶解（James et al.，1983）。同生期大气淡水溶蚀作用主要发生在水体较浅的潮坪和台内滩环境，尤其是沉积在地貌高地能量较强的颗粒滩经过大气淡水溶蚀形成粒内溶孔、粒间溶孔、铸模孔等。下寒武统龙王庙组滩相颗粒白云岩十分发育，是同生期大气淡水岩溶发育的有利层段；平面上同生期岩溶所形成的孔隙层分布主要与台内滩亚相的鲕粒云岩有关。经过同生期大气淡水溶蚀虽形成了许多孔隙，但大多数孔隙被后期晶粒白云岩、石英和沥青所充填或半充填，现今多为无效孔。然而，同生期溶蚀形成的孔洞为后来的表生期岩溶、埋藏期岩溶作用提供了有利条件。因为不管是埋藏期岩溶还是表生期岩溶，富含酸性物质的流体需要通道对地层进行溶蚀，先存孔隙的存在是十分必要的，它将成为后来表生期岩溶和埋藏期岩溶过程中酸性物质流动的有利通道。

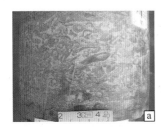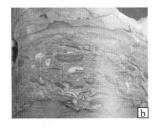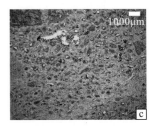

图 7-1 研究区龙王庙组早期大气淡水选择性溶蚀特征

a. 砾屑白云岩，砾屑内部发生溶蚀，形成粒内溶孔、铸模孔，磨溪 202 井，4711.56～4711.79m；b. 砾屑白云岩，粒内溶孔发育，部分颗粒仅保留颗粒外形，磨溪 202 井，4731.88～4732.14m；c. 砂屑白云岩，粒内溶孔，磨溪 19 井，4631.03m，单偏光.

7.2 表生期岩溶作用

寒武系沉积后，加里东中幕都匀事件作用时间较短，主要影响四川盆地西部地区，对川中影响甚微，因而研究区内奥陶系与寒武系呈整合接触(张满朗等，2010；许海龙等，2012)。至加里东晚期广西事件，自中志留世开始，四川盆地开始抬升剥蚀，直至二叠系才开始接受沉积，暴露时间长达 120Ma(袁玉松等，2013)，导致研究区西部局部地区龙王庙组缺失或直接暴露地表。在这长时间的暴露至近地表过程中龙王庙组发生了表生期岩溶作用。

7.2.1 岩溶作用依据

1. 地震响应特征

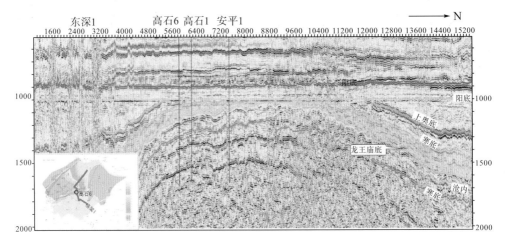

图 7-2 四川盆地乐山—龙女寺古隆起南北向地震剖面图

通过四川盆地南北向地震剖面解释发现，川中地区存在一个大型古隆起，即加里东期形成的乐山—龙女寺古隆起，在隆起核部，二叠系底部与下寒武统筇竹寺组不整合接触，其间缺失了中上寒武统、奥陶系、志留系、泥盆系及石炭系地层（图 7-2）。

从研究区东西向过磨溪 12 井的三维地震剖面上可以看出（图 7-3），下寒武统龙王庙组地层向西尖灭，距离不整合面的厚度也由西向东递增。在研究区西部龙王庙组缺失，表明加里东期乐山—龙女寺古隆起形成时龙王庙组经历了漫长的抬升直至暴露剥蚀过程。

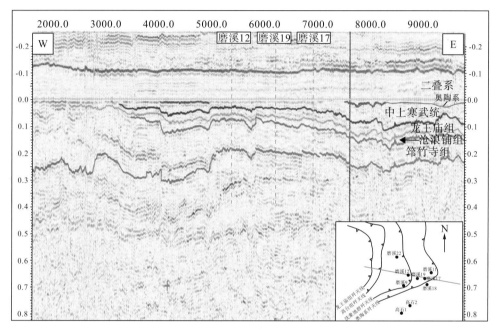

图 7-3　研究区东西向过磨溪 12—磨溪 19—磨溪 17 井地震剖面图

2. 地层接触特征

从研究区东西向地层连井对比图可见（图 7-4），研究区由西向东下寒武统龙王庙组距离不整合面的厚度逐渐增加，在西边资 2 井区龙王庙组直接与二叠系接触，表明西边位于当时的构造高部位，地层遭受剥蚀严重，局部地区缺失龙王庙组地层（如资 7 井）。而往东龙王庙组位于古隆起斜坡部位，上覆高台组仍被保留。

据不完全统计，研究区西部龙王庙组遭受剥蚀程度较大，而中部磨溪—高石梯地区，二叠系底部距离龙王庙组顶部之间的残余地层厚度为 100~200m（表 7-1），并具有自西向东或向东南方向地层的残厚逐渐变大的趋势，即由古隆起核部向东和东南侧的翼部残厚变大。表明持续长期的加里东运动导致四川盆地龙王庙组以上地层遭受剥蚀，对龙王庙组也产生了直接或间接的影响，研究区内龙王庙组由于接近不整合面从而易于接受大气水溶蚀改造发生表生期岩溶作用。

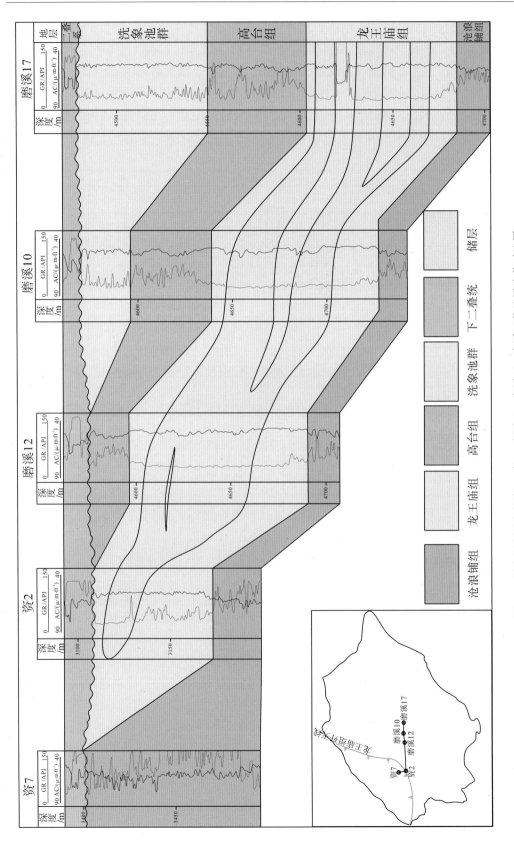

图7-4　研究区东西向过资7—资2—磨溪12—磨溪10—磨溪17井地层连井对比图

表 7-1　川中磨溪—高石梯地区不整合面距离龙王庙组及筇竹寺组顶部厚度统计表

井名	磨溪 12	磨溪 13	磨溪 17	磨溪 21	磨溪 9	高石 3	高石 2
距龙顶厚度	21.44	127	125	206	231	166	248
距筇顶厚度	241	357	363.5	449	405	418	469

3. 岩石学证据

通过岩芯、薄片观察发现，研究区龙王庙组内部发育溶蚀垮塌及渗流粉砂、葡萄花边等溶洞、溶沟充填标志(图 7-5)。其中在研究区中—西部如磨溪 22 井、磨溪 17 井、磨溪 19 井等井区岩溶标志最为发育。研究区东部岩溶产物极为少见，仅在磨溪 16 井见到小型葡萄花边构造，多由于大气淡水沿断裂向下渗流形成。这些溶洞、溶沟、溶缝的发育表明龙王庙组地层经历了一次表生期的岩溶改造。

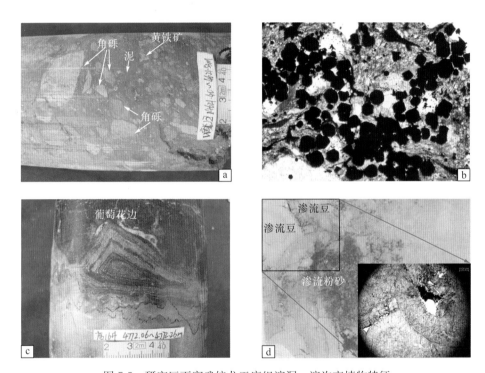

图 7-5　研究区下寒武统龙王庙组溶洞、溶沟充填物特征

a. 溶洞被不规则角砾、灰黑色泥、黄铁矿等全充填，磨溪 17 井，4621.40～4621.53m；b. 溶洞中充填的泥质和自形程度高的黄铁矿晶体，磨溪 17 井，4619.78m，单偏光；c. 溶洞充填小型葡萄花边，磨溪 16 井，4772.06～4772.26m；d. 溶洞充填渗流粉砂及渗流豆，磨溪 202 井，4668.52m，单偏光

4. 测井响应特征

通过对磨溪 17 井和磨溪 19 井等多口井溶洞充填物的详细分析可知，溶洞充填物主要为来自于二叠系梁山组的炭质泥岩、黄铁矿及围岩角砾(图 7-6)。部分井段溶洞可达 7～8m，全部被充填。这些溶洞及其充填物在测井曲线上具有明显响应特征，包括钻时曲

线的异常（钻具放空）、GR 值的突变以及其他测井曲线异常等。如磨溪 17 井 4618～4626m 井段溶洞内全部被黑色炭质泥岩、黄铁矿及围岩角砾充填，测井曲线表现为 CAL 值、AC 值和 CNL 值升高，以及 DEN 值减小。同时由于泥质的影响，GR 值表现为明显的突然增加，以及深浅双侧向电阻率值的减小（图 7-6）。

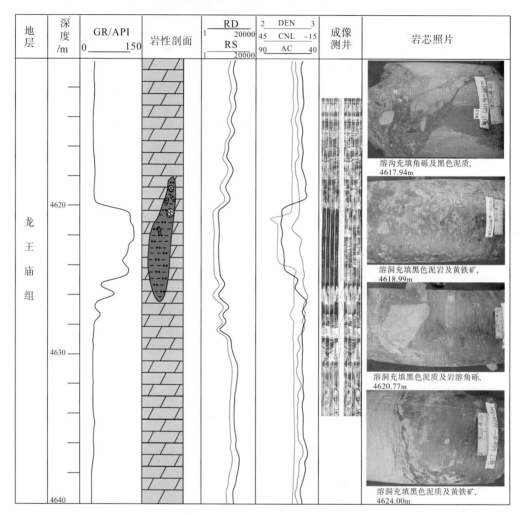

图 7-6　磨溪 17 井溶洞充填物及其测井响应特征

5. 地球化学特征

本书选取了近 27 份来源于川中地区龙王庙组基岩和溶洞充填物的样品做了地球化学分析（如锶同位素、碳同位素及 Sr/Ba 比值等），其中 19 份基质白云岩（包括砂屑白云岩及具残余颗粒结构的晶粒白云岩）、8 份裂缝和溶洞充填物。以微量元素 Sr/Ba 比值为例，一般认为海相沉积物的 Sr/Ba 比值大于 1，而陆相沉积物的 Sr/Ba 值常常小于 1。测试结果中有 11 个样品点落在了 Sr/Ba<1 的区域（图 7-7），其中所有的龙王庙组裂缝和溶洞白云石充填物全部位于该区域内，说明这些溶洞充填物很有可能是加里东岩溶充填，受暴露剥蚀的影响来源于古陆的 Ba 含量增加，导致 Sr/Ba 大都小于 1。

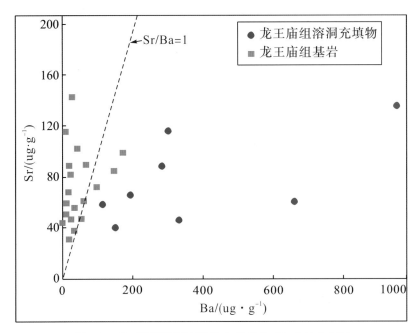

图 7-7　龙王庙组溶洞充填物和基岩 Sr/Ba 含量分布图

7.2.2　岩溶古地貌

　　四川盆地下寒武统龙王庙组自沉积埋藏后经历了多期构造抬升,尤其是伴随着乐山—龙女寺形成与演化过程中的构造抬升。研究认为,乐山—龙女寺古隆起在震旦纪末可能就具有雏形,形成于志留纪末,一直延续到二叠纪前的加里东运动,使二叠系以下地层均遭受了不同程度的剥蚀或缺失。该隆起的核部在川西南部,最老的地层已剥蚀至震旦系灯影组顶部,由核部向外,依次剥蚀至寒武系、奥陶系和志留系,川东地区残留有中石炭统(图 2-3)。但多数区域仍然保留了龙王庙组,只在川西地区龙王庙组被剥蚀造成地层的缺失,川中地区龙王庙组距离二叠系底部不整合面的距离 0~2000m 不等,在研究区中部磨溪—高石梯地区龙王庙组顶距离二叠系底残余地层厚度普遍为 100~200m,而在研究区东部残余厚度可高达近 3000m。这一变化趋势表明加里东运动和海西运动的叠加造成了龙王庙组地层抬升至近地表,越往川东方向,残余厚度越大(表 7-2)。

表 7-2　四川盆地下寒武统龙王庙组顶距离二叠系底残余地层厚度统计

井号	龙王庙组顶界到二叠系底厚度(m)	井号	龙王庙组顶界到二叠系底厚度(m)
资 2 井	0	宝龙 1 井	283
资 7 井	缺失龙王庙组	高石 10 井	296
磨溪 12 井	21.44	高石 6 井	327
资 4 井	33	资 5 井	454

井号	龙王庙组顶界到二叠系底厚度(m)	井号	龙王庙组顶界到二叠系底厚度(m)
磨溪 9 井	42	老龙 1 井	486
磨溪 10 井	70	威寒 101	540
磨溪 11 井	109	威 28 井	559
磨溪 17 井	125	威寒 1 井	582.5
磨溪 13 井	127	威 2 井	625.5
高石 3 井	164	窝深 1 井	923.5
资 6 井	171	荷深 1 井	1172.4
磨溪 21 井	206	宫深 1 井	1439
高石 2 井	231.02	盘 1 井	1684
安平 1 井	234.5	自深 1 井	1799
磨溪 8 井	240	阳深 2 井	2835

本书根据龙王庙组顶与二叠系梁山组底之间的残余地层厚度来恢复当时的岩溶古地貌(图 7-8),以此来推测该期岩溶对龙王庙组地层的影响作用。编图说明:以龙王庙组顶界至二叠系梁山组底界之间的地层残余厚度为基础,厚度大则遭受的剥蚀弱,残厚薄则被剥蚀强度大,因此采用残厚法可基本恢复岩溶古地貌。但由于平面上资料点少,加上表生岩溶在龙王庙组所留痕迹弱,仅采用此方法近似恢复龙王庙组遭受到的区域性风化壳岩溶相对地形。缺失龙王庙组地层的区域为岩溶高地,残余厚度为 0~500m 的为斜坡,大于 500m 的为岩溶盆地。

对于整个川中地区而言,该期表生期岩溶作用影响程度不一,本次恢复其大致在加里东至海西运动过程中研究区岩溶古地貌的相对高低。加里东期形成的乐山—龙女寺古隆起导致了全区大量地层剥蚀并且遭受表生岩溶作用改造,对于龙王庙组而言,由于上覆地层较多,因而大多数地区龙王庙组未直接暴露剥蚀。在研究区西部岩溶高地上,龙王庙组直接暴露甚至遭受剥蚀,接受了大气淡水的淋滤溶蚀,属于潜山岩溶区(即风化壳岩溶区);研究区中部龙王庙组地层未直接暴露地表,龙王庙组顶部距离不整合面有一定距离,大气淡水需要通过上覆地层才能对龙王庙组进行溶蚀,因此属于岩溶内幕区(即近地表岩溶区);研究区东部由于埋深更深,遭受的溶蚀改造极弱甚至未受到任何影响。

研究区不同位置龙王庙组遭受到不同的岩溶改造,流体的流动机制也不甚相同,最终形成了不同的岩溶产物。值得注意的是川西地区龙王庙组直接暴露接受风化壳岩溶但现今地层已剥蚀殆尽,保留下来的极少,而川东未接受岩溶改造,整个研究区绝大多数地区还是处于岩溶内幕区,接受近地表的岩溶改造。

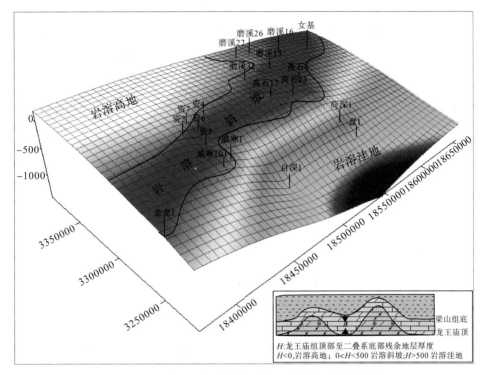

图 7-8 研究区下寒武统龙王庙组岩溶古地貌恢复图

7.2.3 岩溶发育特征

通过对区域构造发展史研究发现，加里东运动导致四川盆地长期抬升，使得盆地内部分地区石炭、泥盆、志留系地层都被剥蚀殆尽，长期接受富含 CO_2 的大气淡水的改造。受乐山—龙女寺古隆起的影响，川中地区位于古隆起核部—翼部，处于构造剥蚀窗东边。一部分大气淡水顺断裂垂直进入龙王庙组地层进行溶蚀形成垂向生长的溶洞、溶沟；另一部分大气淡水自"剥蚀窗"进入龙王庙组地层顺渗透性较好的颗粒白云岩及晶粒白云岩进行溶蚀，形成顺层分布拉长状的溶孔、溶洞。

1. 垂直岩溶特征

由于研究区龙王庙组直接暴露的地层保存较少，且在研究区内未见保存良好的风化壳，因而现今观察到的垂直岩溶主要发生在距离不整合面 $100\sim200$m 的龙王庙组地层中。上部高台组岩性致密具有隔水阻挡作用，因此直接来源于上覆地层的大气淡水溶蚀垮塌相对较少见，在研究区中—西部个别井段表生垂直岩溶带形成的小规模溶洞、溶沟充填（图 7-9）。如磨溪 19 井龙王庙组 $4641.91\sim4642.82$m 取芯段见 1m 左右的溶洞被黑色泥质、角砾和黄铁矿充填（图 7-9a）；磨溪 16 井小型溶沟充填黑色泥质；磨溪 20 井以及磨溪 203 井岩溶角砾多为基质白云岩，部分岩溶角砾岩呈现出溶而未塌的假角砾岩（图 7-9f）；以及磨溪 17 井 $4619\sim4627$m 见 8m 左右的溶洞被黑色泥质及黄铁矿充填（图

7-6)等都是垂直岩溶带形成的产物。

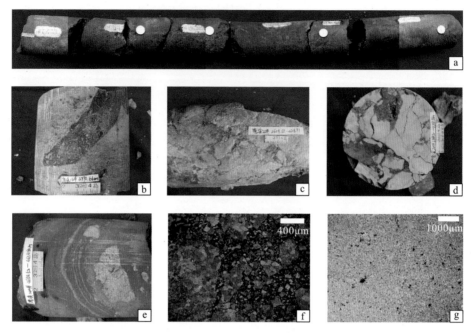

图 7-9　研究区下寒武统龙王庙组垂直状溶洞、溶沟特征

　　a. 溶洞充填黑色泥质，磨溪 19 井，4641.91～4642.82m；b. 小型溶沟充填泥质和角砾，磨溪 16 井，4770.66m；c. 岩溶角砾岩，磨溪 20 井，4608.68～4608.97m；d. 岩溶假角砾，角砾间充填黑色泥，磨溪 203 井，4768.50～4768.58m；e. 岩溶角砾岩，磨溪 202 井，4654.52～4654.82m；f. 岩溶假角砾，磨溪 202 井，4653.68m；g. 溶洞充填的泥岩，磨溪 17 井，4618.47 m，单偏光

　　该期表生岩溶作用强度大，时间长，龙王庙组一定程度上受到该期表生岩溶作用的直接改造。这些溶洞、溶沟的形成多与断裂有关，表生期大气淡水顺断裂进入地层并发生溶蚀形成溶洞、沟。至二叠纪初期，大规模海侵在区内覆盖了大量沉积物，川中地区二叠系梁山组沉积了一套黑色沼泽泥岩，这些泥岩顺着早期断裂向下渗流并充填到溶洞、溶沟中。现今垂直岩溶形成的溶洞、溶沟均已被充填，对龙王庙组储层无任何意义。

2. 顺层岩溶特征

　　由于高台组的隔水阻挡作用，流体相对较难向下穿过高台组对龙王庙组地层进行溶蚀，而较易从构造剥蚀窗进入龙王庙组并顺地层进行顺层溶蚀作用。顺层岩溶作用在研究区龙王庙组地层中较为发育，形成了许多典型的拉长状溶蚀孔洞，是现今龙王庙组储层主要的储集空间类型。

　　岩芯观察发现的溶蚀孔洞呈明显定向性，不完全水平，且规模较大，形态多为水平长条形、椭圆形、圆形(图 7-10a、图 7-10b)。孔洞内较干净，几乎无渗流粉砂或其他溶洞充填物，仅被少量白云石晶体及沥青微充填—半充填(图 7-10c)。沥青充填现象在拉长状溶蚀孔洞中较普遍，孔隙空间内可见下部残余沥青，中上部孔隙保留较好，形成示顶底构造(图 7-10d)，说明这类溶蚀孔洞形成时间早于石油的充注时间。顺层溶蚀作用具有分层差异，这与沉积时每一层的岩性差异有关(图 7-10e)。

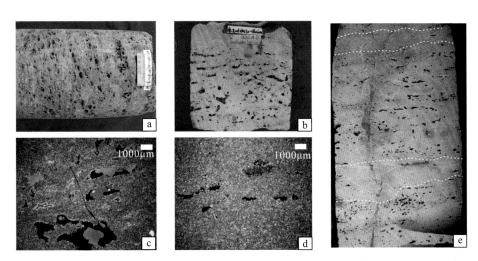

图 7-10　研究区下寒武统龙王庙组顺层状溶蚀孔洞特征

a. 顺层溶蚀孔洞呈圆形或椭圆形，发育密度大，磨溪 23 井，4807.25m；b. 顺层分布的溶蚀孔洞，磨溪 22 井，4942.62m；c. 拉长状溶蚀孔洞被沥青充填，磨溪 204 井，4656.45～4656.59m，单偏光；d. 拉长状溶蚀孔洞呈串珠状，沥青残留在孔洞下部形示顶底构造，磨溪 202 井，4649.12m，单偏光；e. 溶蚀孔洞具有分层差异，磨溪 22 井，4944.50～4944.76m

　　顺层状溶蚀孔洞在平面上的分布与距离古隆起的远近呈反比(图 7-4)，在靠近古隆起的磨溪 22 井区，这种顺层分布的拉长状溶蚀孔洞发育极为密集，说明靠近古隆起剥蚀窗的地方，岩溶作用强烈。纵向上，这类溶蚀孔洞在龙王庙组上下两段均有发育，岩性主要为渗透性较好的砂屑云岩、粉—细晶白云岩，从岩芯上可以看出，顺层溶蚀作用具有明显的岩石选择性，相邻两块岩芯也具有差异溶蚀现象(图 7-10e)。

7.2.4　承压顺层岩溶机制

　　在表生期大气淡水顺渗透性地层进行溶蚀的作用可称为顺层岩溶作用，这类岩溶作用和表生岩溶发生时间相同，只是发生的位置不同，水文地质条件不同，导致其岩溶机理具有一定差异。

　　顺层岩溶作用发生在原岩具有较强渗透性的地层中，当其上下均为隔水层时，该渗透层中的地层水就成为承压含水层(也称为自流水)(肖长来等，2010)。典型的承压含水层可分为补给区、承压区及排泄区三部分(陈梦熊等，1959；段永侯等，1964)。通常，补给区位置较高而使该处具有较高的势能，由于静水压力传递的结果，使其他地区的承压含水层顶面不仅承受大气压力和上覆岩土的压力，而且还承受静水压力。大气降水，地表水或者潜水从高部位的补给区渗入到承压含水层，然后经承压区至排泄区排出(陈梦熊等，1959；段永侯等，1964)(图 7-11)。当承压水位高于地表时，承压水可经天然或人工开凿的通道溢至地表。

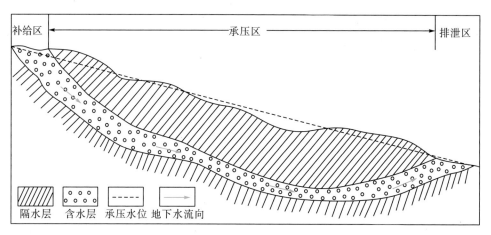

图 7-11　自流盆地承压含水层剖面示意图

与地下潜水不同，承压水埋藏较深，受隔水顶板的限制，承受静水压力，有一个受隔水层顶板限制的承压水面和一个高于隔水层顶板的承压水位(补给区和排泄区水位的连线)。承压水是由静水压力大的地方流向静水压力小的地方(肖长来等，2010)。地下水的循环规律远超我们的想象，佛罗里达大气淡水可以运移到 120km 外的浅海，深海钻探计划在大陆架同样发现了淡水(Gieskes et al.，1981)，证明了大气淡水的活动范围和深度。来源于邻区构造高部位潜山岩溶水的巨大压差促使了侧向顺层承压深潜流的形成，其循环深度可达几百至数千米，其排泄主要靠断裂，沿断裂带补给上覆岩层，并在地表形成承压泉(群)。由于该类岩溶水属承压水而水动力强度大，所以具有强烈的侵蚀溶蚀性，形成承压顺层岩溶带(张宝民等，2009)(图 7-12)。

承压顺层岩溶主要由断裂起导水和排泄作用，所以流体交替条件好，因而在断裂带附近往往形成岩溶强烈发育带。该类岩溶远离物源区，因而具有机械充填程度低的突出特点。该类岩溶广泛分布于塔里木和鄂尔多斯盆地(拜文华等，2002；乔占峰等，2012)，在四川盆地属于首次发现承压顺层岩溶的实例。

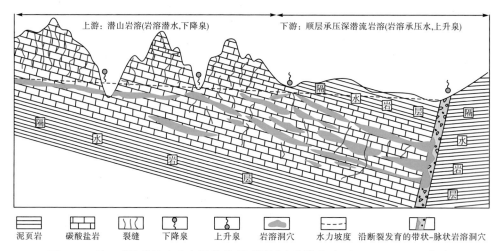

图 7-12　基于现代岩溶水分布规律的承压顺层岩溶模式(据张宝民，2009，修改)

7.2.5　岩溶发育模式

乐山—龙女寺古隆起为一继承性古隆起，自震旦纪末初具雏形，在加里东期又一次发生隆升，形成了一个自西南向东北倾伏的古隆起，川中地区处于古隆起核部—翼部，在长期的暴露至近地表过程中龙王庙组地层遭受了大气淡水岩溶改造。在构造不断隆升，上覆地层不断被剥蚀的背景下，大气淡水首先会对上覆可溶性岩石进行溶解，并沿断裂、裂缝等向下运移，由于高台组为一致密砂质云岩，粉砂岩等，大气淡水较难通过，只能顺裂缝向下在龙王庙组地层中进行溶蚀形成少量的溶沟、溶洞，二叠纪初期，这些溶沟、溶洞被来自上覆二叠系的泥质充填。

由于龙王庙组的上下地层具有一定的隔水作用，因而来自于剥蚀窗的下渗大气淡水在压力作用下顺渗透性较好的龙王庙组地层进行顺层运移，龙王庙组成为承压潜流带，值得注意的是龙王庙组地层由各类白云岩尤其是砂屑云岩、粉—细晶白云岩组成，具有较高的渗透率，大气淡水较易渗流(图 7-13)。大气淡水自古隆起剥蚀窗补给至龙王庙组渗透性较好的承压区，后在压力下运移至低部位的排泄区，大气淡水在龙王庙组地层的流动过程中对可溶性岩石进行溶解，形成承压顺层岩溶带，产生了大量顺层拉长状的溶蚀孔洞。该期溶蚀作用形成的孔洞由于缺少外来物质，充填现象较少，孔隙得以保存。然而，由于溶蚀—沉淀是物质平衡过程，流体继续向下顺层流动的过程中将在远离古隆起的构造低部位发生沉淀。结合四川盆地构造发展史认为，四川盆地东部华蓥山脉断裂众多，大气淡水可能经断裂排至地表。

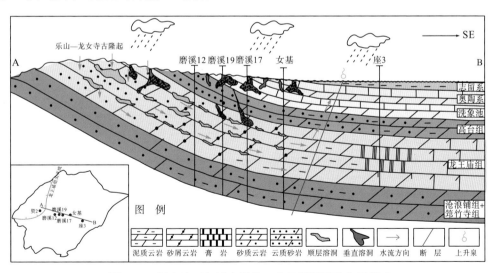

图 7-13　川中地区加里东期龙王庙组顺层岩溶作用模式

7.2.6　顺层岩溶与储层发育的关系

顺层岩溶作用也可称为顺层(承压)深潜流岩溶是内幕岩溶的一种特殊类型，分布在碳酸盐岩古隆起的围斜部位，空间上与潜山岩溶相伴生（张宝民等，2009）。顺层岩溶往往可以产生大量的溶蚀孔洞，为龙王庙组储层最为重要的形成机制。

1. 古隆起和斜坡为顺层岩溶储层的发育提供了地质背景

顺层岩溶与表生期潜山岩溶相伴发生，古潜山为大气水的侧向运移和溶蚀提供条件，当大气水自潜山进入地层，来源于邻区高部位潜山岩溶水的巨大压差在斜坡部位促使侧向顺层承压深潜流的形成，其地下水的循环深度可达几百至数千米。这样独特的构造背景为顺层岩溶提供了地质条件。

2. 渗透性较好的颗粒白云岩为岩溶提供了流体通道

渗透性较好的地层是顺层岩溶作用发生的物质基础。自潜山部位进入地层的大气淡水自由渗流，往往优先进入渗透性较好的岩石进行运移。研究区龙王庙组主要为一套颗粒白云岩和晶粒白云岩，渗透性能较好，且在早期大气淡水溶蚀作用改造下，形成了大量的溶孔，进一步提高了岩石的渗透性。

3. 上下隔水层的阻挡作用为顺层岩溶流体提供压力驱动

前已述及，上下隔水层的阻挡作用，导致渗透层成为承压含水层并且其水动力较强，因而具有强烈的溶蚀性。同时由于承压含水层渗透性好，流体在压力作用下一直顺渗透层运移并发生溶蚀。这为顺层岩溶作用的持续发生提供了驱动。

4. 顺层岩溶是各类储集空间形成的关键

顺层岩溶往往会沿先期孔隙、裂缝等薄弱部位进行，形成了大量的溶蚀孔洞作为顺层岩溶储层的储集空间。由于顺层岩溶发生在内幕区，机械充填等极少，这些孔洞多未充填，在后期埋藏溶蚀作用的改造和保存下成为现今龙王庙组最主要的储集空间。

因而，顺层岩溶作用是研究区龙王庙组储集空间形成的直接营力，由于龙王庙组颗粒白云岩本身良好的渗透性以及上下地层的隔水作用导致流体沿可溶性地层进行渗流，而加里东期及海西期四川盆地构造活跃形成了较多的断裂体系，从剥蚀窗进入地层渗流的流体可从这些断裂中流至地表，形成了一个完整的流体体系。

7.3 埋藏期有机酸溶蚀作用

当沉积物或沉积岩被埋藏到一定的深度以下，一方面，随温度增高所降低的碳酸盐溶解度不足以补偿压力增大而增加的碳酸盐溶解度（Wierzbicki et al.，2006）；另一方面，由油气生成与裂解过程中产生的富含有机酸、CO_2、H_2S 等腐蚀性流体会对成岩组构产生溶解作用。埋藏溶蚀作用在区内龙王庙组滩相储层中广泛发育。孔洞边界的港湾状溶蚀，侵位沥青充满孔隙或为衬边、飘带状的产出形态（图7-14a），都说明区内发生过一定规模的埋藏溶蚀。镜下见沥青浸染第三期粒状白云石胶结物，且接触边界处有溶蚀痕迹，说明本区储层埋藏溶蚀发生在浅埋藏压实、胶结孔隙缩减阶段之后。

研究区下寒武统龙王庙埋藏期溶蚀作用形成于中—深埋藏阶段，主要有两期。第一期发生在晚二叠世至晚三叠世有机质大规模成熟前及成熟过程中，当地层被埋藏至 2000~3000 m 的深度，古地温为 80~120℃，Ro 值为 0.16%~1.0% 时，下寒武统筇竹寺组巨厚炭质泥岩中的有机质进入成熟期（刘树根等，2013；徐春春等，2014；邹才能等，2014；杜金虎等，2014）。在此过程，有机质释放出大量含有 CO_2、H_2S、有机酸等腐蚀性组分的流体沿地层的薄弱地带，如孔隙发育渗透性较好的粉－细晶白云岩、颗粒白云岩、岩溶角砾岩以及裂缝等运移时，对岩石发生溶解作用，形成大量的溶蚀孔、洞、缝。这些溶蚀孔洞在形成过程中伴随着白云石从孔隙水中沉淀并充填在溶孔、洞壁中。随后大量液态烃充注，烃类充注一方面对先期的孔隙起到保护作用，另一方面会导致进一步的有机酸溶蚀作用，形成优质储层（胡海燕，2004）。由于后期石油热演化，现今这些溶孔、溶洞、裂缝（溶缝）中，普遍赋存沥青（图 7-14b），表明它形成于沥青侵位之前，是液态烃的主要储渗空间。

图 7-14 研究区龙王庙组有机酸溶蚀特征

a. 细晶白云岩，沥青呈衬边附着在孔隙壁上，磨溪 204 井，4674.29m，单偏光；b. 细晶白云岩，晶间溶孔被沥青近全充填，晶体边界呈溶蚀港湾状，磨溪 202 井，4660.66m，单偏光；c. 具颗粒残余结构的晶粒白云岩，晶间孔干净，磨溪 204 井，4668.16 m，单偏光；d. 晶间溶孔，干净未充填其他物质，晶体见明显溶蚀痕迹，磨溪 204 井，4676.7m，单偏光

第二期埋藏溶蚀作用发生于中成岩晚期古油藏裂解过程中，随着先期充注到储层孔隙中的液态烃向气态烃转化，石油发生裂解产生富含大量 H_2S、CO_2、有机酸和 CH_4 等

腐蚀性组分的地层水，并沿上述薄弱部位再次发生运移，对滩相储层进一步溶解，形成一定数量的次生孔隙。这些溶孔、溶洞、裂缝中异常干净（图7-14c），且溶孔壁和溶孔、裂隙一般没有沥青充填，常见孔隙周围白云石晶体被强烈溶蚀（图7-14d）。这一阶段形成的溶孔也是现今龙王庙组储层主要的储集空间。

7.3.1　有机酸溶蚀成因

地层进入埋藏尤其是深埋藏阶段，有机质成熟时由干酪根释放的含 CO_2 和有机酸的流体对地层进行溶蚀可形成大量次生孔隙（Bjørlykke，1994）。石油热裂解过程中，生物降解石油产生的具溶蚀性的代谢产物也是有机来源溶蚀流体。某些细菌和真菌可以消耗石油，同时产生有机酸。这些有机质成熟或石油裂解过程中产生的 CO_2、H_2S 和有机酸等与地层水混合形成对碳酸盐岩具有溶蚀力的流体（Mazzullo，1992、2004）。有机酸溶蚀形成次生孔隙最先在砂岩中发现，而碳酸盐岩较砂岩更易溶，在埋藏阶段有机酸对碳酸盐岩的增孔作用理论上应该更强。

7.3.2　有机酸溶蚀与储层孔隙的关系

有机酸埋藏溶蚀作用能否有效改变储集性能目前仍存在较大争议。部分学者认为埋藏作用对碳酸盐岩次生孔隙具有重要作用，溶蚀流体沿先期孔隙、裂缝等进行溶蚀，形成扩溶孔，甚至产生新的溶蚀孔隙（Mazzullo，1992、2004；郑和荣等，2009）。Bjørlykke(1994)通过计算干酪根释放 CO_2 含量认为，1g 腐殖型干酪根可释放 40mg CO_2，1g CO_2 可溶解大约 2.3g(0.89cm^3)方解石，由有机酸溶蚀产生的次生孔隙增量相当可观。然而，也有学者认为在可以产生有机酸和 CO_2 的烃源岩和碳酸盐岩地层中，碳酸盐岩矿物达到平衡，在一定时间内流体达到饱和，如果没有持续补充的 CO_2 和有机酸，碳酸盐岩较难发生溶解，因此，有机酸溶蚀对次生孔隙的增加贡献可能不大（Barth et al.，1993；Bjørlykke，2010；Ehrenberg et al.，2012）。Ehrenberg(2012)等定量模拟了增加 1% 的孔隙度所需要的流体量，并分析了每一种埋藏溶蚀流体的溶蚀机制的局限性，研究认为埋藏溶蚀作用产生的次生孔隙在总孔隙中仅占极小比例。由图 7-15 可知，欲使 100m^3 的碳酸盐岩增加 1% 的孔隙度，即溶解 1m^3 的碳酸盐岩，需要 0.01% 的对碳酸钙不饱和的流体 27000m^3，但是下覆 5km 厚的沉积物失去 10% 的孔隙所释放的地层水一般少于500m^3，还不到所需流体的 2%。该模拟定量计算了封闭体系内埋藏溶蚀产生孔隙的物质改变量，但是在实际地质环境中，流体系统具有开放性，并不是在一个完全封闭的环境中，具有多期次、流体环境可变化的特征。

余敏等(2014)通过实验室模拟埋藏条件下有机酸对白云岩的溶蚀作用认为，在深埋藏环境，有机酸沿着不同的流体体系对地层进行运移，在相对封闭的体系中，有机酸溶蚀产生部分次生孔隙的过程中，流体达到饱和将在体系内其他地方发生沉淀，最终导致体系内孔隙绝对含量不变。在相对开放的体系，流体自上而下流动，在体系上倾方向，孔隙度增加，饱和流体向下倾方向运移，将发生沉淀，导致下倾方向孔隙度减少。在漫长的埋藏环境中，绝对的封闭体系是非常罕见的，开放体系与封闭体系会发生相互交替。整体而言，在埋藏环境下，物质不被带出，溶解和沉淀达到一个平衡，埋藏溶蚀作用对储层的意义在于对溶蚀孔洞的调整和保存。

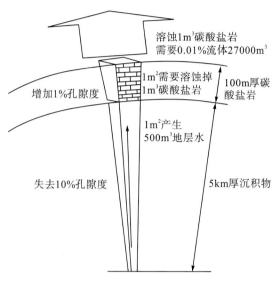

图 7-15　模拟计算孔隙度增加 1％所需流体量

(据 Ehrenberg，2012)

第8章 储层主控因素及形成机理

碳酸盐岩储层的形成、演化、发育分布以及储集质量优劣情况受沉积作用、成岩作用和构造作用的共同控制。沉积作用及其产物是储层形成的基础，成岩作用和构造作用是储层演化和改造的关键。研究表明：上述因素共同控制了川中地区龙王庙组储层的形成和分布特征。

8.1 沉积作用奠定储层发育物质基础

沉积作用为储层形成与演化提供了物质基础。一方面，优质的沉积岩是储层发育的基础，沉积期古地貌控制了不同沉积岩的分布，尤其是水下古隆起控制了有利沉积相带的展布继而影响了储层平面上的发育；另一方面，两次沉积旋回决定了储层的分布位置与范围，位于两次沉积旋回中上部的沉积相带最有利于储层发育。

8.1.1 储层发育受岩性直接控制

岩芯、薄片观察及物性统计表明储层的发育与岩性有密切的关系，不同类型的储集岩孔隙度和渗透率差异显著(图 8-1)。储渗性能较好的是颗粒云岩，其次为晶粒云岩。颗

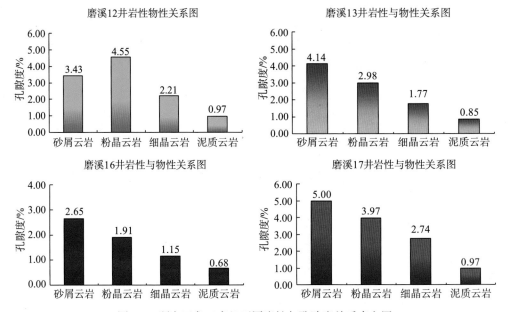

图 8-1 研究区龙王庙组不同岩性与孔隙度关系直方图

粒云岩主要形成在水下古隆起核部—翼部水体能量较高的位置，为区内最好储集岩类型，而泥晶类云岩岩性致密，储集空间仅为少量膏模孔，且常常被白云石全充填，孔隙度极低，这类白云岩多沉积在水体能量较低的低洼部位。总体而言，沉积在水体能量较高的颗粒白云岩或晶粒白云岩储集性能远大于沉积于低能环境的泥晶白云岩或细粒晶粒白云岩。早期的岩性差异为储层的形成提供了物质基础。

8.1.2　沉积期古隆起控制有利相带

（1）古隆起控制龙王庙组有利沉积相带，水下隆起翼部向海一侧发育的台内滩亚相为最有利沉积相带。通过对不同沉积相发育的岩石组合对比发现（图 8-2）：滩核微相沉积的颗粒白云岩孔隙最为发育，常发育大量的溶蚀孔洞；滩翼微相沉积的颗粒白云岩粒度更细，含部分泥晶白云岩夹层，发育部分溶孔；滩间洼地和潟湖沉积的岩石组合致密，极少或几乎无孔隙发育。

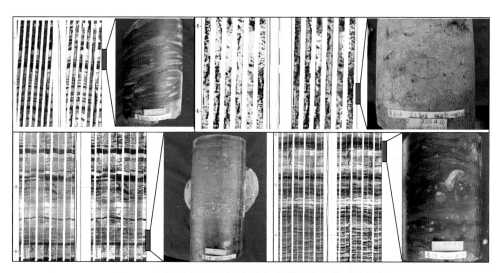

图 8-2　不同的沉积微相类型在成像测井上的响应特征

a. 泥晶白云岩与泥质条带互层，泥云质潟湖，磨溪 202 井，4725.15m；b. 褐灰色颗粒云岩，溶蚀孔洞发育，滩核微相，磨溪 13 井，4617.21m；c. 深灰色泥晶云岩夹亮晶颗粒云岩，滩翼微相，磨溪 17 井，4666.83m；d. 含泥质纹层泥晶云岩，滩间微相，磨溪 17 井，4677.75m

结合研究区龙王庙组不同微相的岩石储层物性统计结果发现（表 8-1）：滩核微相沉积的砂屑云岩及具残余颗粒结构的晶粒云岩具有最高的孔隙度和渗透率，孔隙度范围为 3.70%～10.09%，平均孔隙度为 5.49%，渗透率值范围为 0.02～108.1mD，平均渗透率值 12.40mD；滩翼微相的互层状砂屑云岩与晶粒云岩岩性明显较致密，孔隙度位于 0.73%～4.94%，平均孔隙度为 2.58%，渗透率范围为 0.001～60.6mD，平均渗透率为 4.85mD；滩间沉积的泥晶云岩含少量颗粒岩物性明显变差，平均孔隙度低于 2%，为 1.22%，平均渗透率值为 2.71mD；云坪微相沉积的粉晶云岩岩性较纯，孔隙度位于 1.74%～6.81%，平均孔隙度为 3.33%，渗透率范围为 0.001～66.4mD，平均渗透率为

5.6mD。同样位于浅水沉积环境的砂云坪由于陆源砂的影响，储层物性较云坪差，其孔隙度范围为0.59%~4.21%，平均孔隙度1.58%，渗透率范围为0.001~10.2 mD，平均值为1.03 mD。而潟湖沉积的含泥质条带的泥晶云岩储层物性最差，平均孔隙度仅有1.06%，平均渗透率为0.184mD。

表8-1　研究区下寒武统龙王庙组不同沉积微相岩石物性统计表

沉积微相	主要岩性	样品数	孔隙度范围/%	平均孔隙度/%	渗透率范围/mD	平均渗透率/mD
砂云坪	砂质云岩	30	0.59%~4.21%	1.58%	0.001~10.2	1.03 mD
云坪	粉晶云岩	25	1.74%~6.81%	3.33%	0.001~66.4	5.60 mD
滩核	砂屑云岩、具残余颗粒结构的晶粒云岩	125	3.70%~10.09%	5.49%	0.02~108.1	12.40mD
滩翼	砂屑云岩与晶粒云岩互层	50	0.73%~4.97%	2.58%	0.001~60.6	4.85mD
滩间	泥晶云岩含少量颗粒云岩	39	0.73%~1.82%	1.22%	0.001~12.43	2.71mD
云质潟湖	泥晶云岩含泥质条带	23	0.51%~1.82%	1.06%	0.0124~0.748	0.18mD

(2)沉积期乐山—龙女寺水下古隆起控制着滩体规模及展布。水下古隆起对颗粒滩的展布具有明显的控制作用。如果台地内部在沉积阶段具有长期水下古隆起的存在，则其古隆起周缘浪基面附近可长时间受到较强波浪作用的改造，从而堆积范围较广、厚度较大的滩相沉积体(谭秀成等，2009；张廷山等，2008)。这类滩体的沉积及储层特征与台地边缘滩相似，不同的仅是相邻沉积相带为浅水区沉积产物，而后者向海方向则过渡为深水沉积。早寒武世龙王庙期由于当时乐山—龙女寺水下古隆起的影响，川中地区位于古隆起核部—翼部，整体水体能量较高，易于高能颗粒滩的堆积，平面上形成了绕水下隆起呈环带状分布的隆起边缘滩。隆起核部水体浅，能量低不利于颗粒岩的堆积，而隆起翼部如磨溪—高石梯地区则处于浪基面附近，沉积了一套厚层的颗粒白云岩，随着海平面的下降台内滩由隆起翼部向海退方向迁移，横向上滩体具有向东迁移的趋势(图3-26)。

8.1.3　沉积旋回控制储层纵向分布

(1)单个滩体受米级旋回影响，岩性组合具有下细上粗的逆粒序特征，储集性能向上变好。在岩芯上，常可观察到1米至数米的小滩体，储集性能由下至上逐渐变好。这是由于单个小滩体多受米级旋回影响，颗粒岩具有下细上粗的逆粒序特征，原始粒间孔隙向上变多，颗粒支撑强度变大，更加有利于原始孔隙度的保存。后期成岩改造过程中，原生孔隙可为溶蚀流体提供渗流通道，岩石更易发生溶解，形成新的孔洞作为次生储集空间。因此单个沉积旋回上部和顶部易于发育储层(图8-3)。

图 8-3 向上变粗的颗粒滩旋回，储层发育在颗粒滩上部，磨溪 23 井，4804.03～4805.71m

对于台内滩亚相而言，由于高频海平面变化的影响，滩核与滩翼呈多期叠置关系，形成粗颗粒白云岩与细颗粒白云岩在纵向上的交替出现。滩核部位储集性能明显较滩翼部位更好，因而这种由于高频海平面旋回造成的不同岩性组合在纵向上的叠置，导致储集层在纵向上的出现具有多期旋回性。

（2）两次四级沉积旋回变化影响了龙王庙组沉积相在纵向上的分布，进而控制了储层在纵向上的分布。两次沉积旋回决定了龙王庙组储层在纵向上的发育位置。下寒武统龙王庙组地层由下至上经历了一次三级海平面下降的沉积旋回，其中包括了两次四级沉积旋回，对应了龙王庙组下段和龙王庙组上段地层。在两个四级沉积旋回的中晚期，随着海平面的下降，研究区均发育了大量的台内滩和碳酸盐潮坪亚相，沉积了大套颗粒白云岩以及晶粒白云岩，这两类白云岩是龙王庙组储集性能的岩性（图 8-4）。因而，纵向上，研究区龙王庙组储层往往发育在龙王庙组下段及上段的中上部，尤其是龙王庙组上段储层最为发育（图 4-36）。

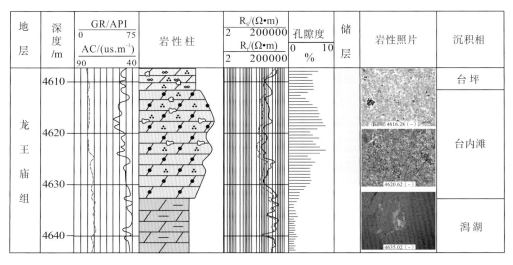

图 8-4 磨溪 13 井下寒武统龙王庙组下旋回储层发育特征图

(3)海平面变化造成优质沉积相带的迁移，龙王庙组上段和下段储集相带具有继承性。通过对研究区龙王庙组沉积相的研究认为：台内滩尤其是滩核是龙王庙组最有利的沉积相带，滩核在平面上的分布除了受沉积古地貌直接控制外，同样受到海平面变浅的影响。在海平面持续下降过程中，早期滩核部位沉积界面高于浪基面，甚至可以出露海平面，此时水体能量较低，滩体停止生长。而对于原来位于水体相对较深的部位，由于海平面的降低，沉积界面接近浪基面，水体能量逐渐升高，可堆积大套的颗粒岩，成为新的滩核。在对研究区龙王庙组沉积相横向对比分析中发现，龙王庙组沉积相具有明显向东迁移的特征(图 3-24、图 3-25、图 3-26)，这与沉积时海水向东退却密切相关。

8.2　成岩作用是储层形成的关键因素

8.2.1　白云岩化为后期溶蚀提供了良好条件

通过对白云岩化与孔隙形成的相关关系讨论后认为：龙王庙组白云岩是其储层发育的岩石基础。开放体系下发生的白云石交代作用虽未直接形成大量的孔隙空间，但是厚层的颗粒白云岩为后期流体通过和溶蚀奠定了良好的基础。因此本书认为白云岩化是龙王庙组滩相白云岩储层形成与演化最基础的成岩作用。

8.2.2　顺层岩溶是溶蚀孔洞形成的主要动力

表生期顺层岩溶作用是现今龙王庙组大量溶蚀孔洞形成的直接动力。岩溶作用的分布和强度直接控制龙王庙组储层的发育程度和分布。而该期岩溶又主要受控于乐山—龙女寺古隆起的影响，具体表现在以下两个方面。

1. 古隆起控制了研究区龙王庙组表生岩溶作用在平面上的岩溶强度

表生期岩溶作用主要受控于岩溶地貌与断裂，其中岩溶地貌直接影响了不同地区岩溶作用的强烈。岩溶高地溶蚀作用最强，岩溶斜坡次之，岩溶洼地溶蚀作用最弱。加里东期乐山—龙女寺古隆起直接控制了岩溶地貌。平面上，靠近古隆起核部的研究区西部溶蚀作用强烈，形成的孔洞更加密集；远离古隆起核部的研究区东—东南部溶蚀作用较弱，溶蚀孔洞较少，且由于地势原因在古隆起高部位溶蚀产生的流体向下渗流过程中可在斜坡低部位发生沉淀。研究区中—西部的磨溪地区靠近古隆起核部，龙王庙组顶部距离不整合面的距离较近，溶蚀作用较强，形成了大量孔洞层，在磨溪地区东南方向的荷包场地区，因为距离古隆起相对较远，龙王庙组上覆地层残厚较大，因而表生岩溶作用对荷包场(如荷深 1 井)的影响相对较弱，溶蚀孔洞明显减少。荷深 1 井龙王庙组储层中白云石和方解石的充填现象明显较磨溪地区严重，这可能与该地区处于乐山—龙女寺古隆起低部位有关。

结合该期岩溶作用发育特征及研究区龙王庙组储层特征综合分析发现，离不整合面

近或靠近构造剥蚀窗的井，其岩芯溶蚀孔洞多且测得的储层物性较好。通过对研究区 6
口井的 769 块样品的常规物性分析化验结果得出(图 8-5)：来自不同地区的样品物性具有
明显差异，如靠近西边的磨溪 12 井样品孔隙度绝大多数大于 3%，部分可大于 10%；位
于磨溪 12 井东边的磨溪 17 井样品孔隙度明显减小，集中分布在 2%～6% 范围内。结合
孔渗相关性分析，磨溪 17 井孔渗相关性明显更好，而磨溪 12 井则相对较差，说明磨溪
12 井较磨溪 17 井而言，由岩溶形成的裂缝或溶洞更为发育。

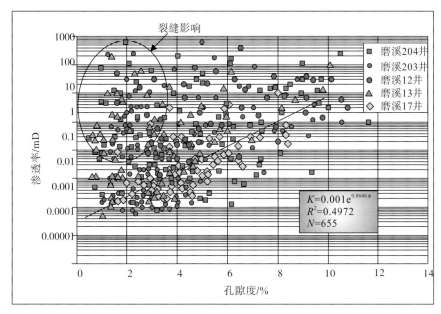

图 8-5　研究区龙王庙组储层孔渗关系图(具体井位见图 2-1)

2. 古隆起控制了龙王庙组顺层岩溶孔洞的分布

由于古隆起的影响，大气淡水自隆起核部构造剥蚀窗进入龙王庙组地层并发生顺层
侧向渗流，由于龙王庙组渗透性较好，其上下地层均为隔水层，大气淡水在压力下顺龙
王庙组流动且对岩石进行溶解，形成的溶蚀孔洞具有明显的侧向顺层拉长状特征。大气
淡水由岩溶古潜山补给进入承压区最后经断裂带排泄，这个过程中大气淡水对岩石的溶
解导致地层水饱和度越来越高最终达到饱和，对岩石的溶解逐渐减弱。也就是说顺层岩
溶作用形成的溶蚀孔洞也逐渐减少直至消失。

平面上，龙王庙组储层孔洞层厚度也具有由西向东变薄的趋势(图 8-6)，研究区下寒
武统龙王庙组顶部距离不整合面的残厚由西向东逐渐增厚，岩溶作用对龙王庙组地层的
影响也逐渐减弱。在研究区西部，资 2 井区位于岩溶高地上，龙王庙组直接暴露接受大
气淡水淋滤形成溶孔、溶洞以及溶沟，二叠系快速海侵导致这些孔洞大多数被充填，成
为无效孔隙。由于顺层岩溶作用具有明显由古隆起核部至翼部逐渐减弱的特征，因此由
岩溶形成的孔洞层也具有明显由西向东逐渐减薄的趋势。

8.2.3 埋藏溶蚀是溶蚀孔洞得以保存的关键

通过前面对有机酸溶蚀作用的特征及其对储层孔隙的影响研究认为：与有机质成熟及液态烃热演化相关的有机酸溶蚀作用由于其溶蚀作用并未长期处于开放体系，因而较难形成大规模的溶蚀孔洞，但在开放体系与封闭体系的交替过程中，可发生物质的带出和交换，导致新孔隙的产生和旧孔隙的填充。在此过程中，孔隙得到优化和调整。现今龙王庙组储层中的溶蚀孔洞就是经过埋藏溶蚀调整和优化进而保存的结果。

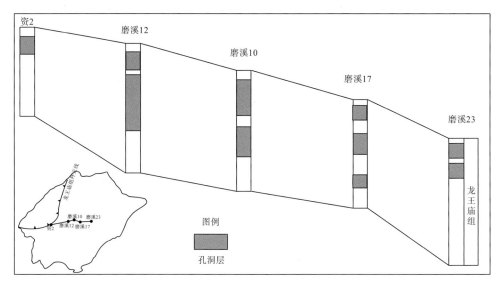

图 8-6 研究区东西向下寒武统龙王庙组孔洞层厚度连井剖面示意图

8.3 构造作用对储层的优化和改造

构造断裂在储层的形成过程中具有重要意义，一方面断裂可直接作为储集空间，另一方面可为侵蚀流体提供渗流通道。在加里东期构造总体抬升的基础上，产生了大量构造裂缝，构造断裂本身对储集空间无明显的增孔作用，但是有利于溶蚀成岩流体的通过。加里东运动产生的大量的网状构造缝可作为表生期岩溶作用大气淡水主要的渗流通道，而构造缝的溶蚀扩大可形成溶缝、溶沟。此后，喜马拉雅期区域构造抬升（刘树根等，2008），产生了大型高角度裂缝，大大改善了现今龙王庙组储集层的渗透性。

8.4 储层形成机理与演化模式

8.4.1 储层形成机理

通过上述对控制研究区龙王庙组储层发育的诸多因素讨论之后，本书就储层形成机理进行了分析和总结。认为现今龙王庙组在经历了各类储层孔洞的形成、破坏以及保存机制后，最终形成了现今的储层。

1. 早期孔隙保存机制

有利沉积相带堆积的颗粒岩原生孔隙好，经过同生期大气淡水溶蚀作用后形成了部分次生孔隙，与此同时发生的早期白云岩化作用导致龙王庙组岩石类型、岩石结构发生改变，对早期孔隙具有一定的保存作用。

2. 早期孔隙破坏机制

压实、压溶作用以及胶结、充填作用这两大类破坏性成岩作用是早期孔隙遭受破坏的主要机制。绝大多数早期孔隙消失，残留的孔隙为后期次生孔洞的形成提供了条件。

3. 次生孔洞形成机制

表生期顺层岩溶作用是现今龙王庙组大量顺层拉长状溶蚀孔洞主要的形成机制。经过该期岩溶作用，形成了大量未充填的溶蚀孔洞，其中绝大多数被保留至今成为有效的储集空间。

4. 埋藏过程中次生孔洞保存机制

两期有机酸埋藏溶蚀作用对先期溶蚀孔洞具有关键性的优化和调整作用。液态烃侵位发生热裂解过程中导致部分孔洞被沥青充填，但在此裂解过程中释放的有机酸对先期孔洞进行溶蚀扩大形成了部分新的孔洞，因而在整个过程中，孔洞并未减少，仅发生了调整。现今龙王庙组储层中的溶蚀孔洞是有机酸埋藏溶蚀作用对先前孔洞调整和保存的结果。

8.4.2 储层成因演化模式

通过上述储层主控因素及形成机理的综合分析认为，研究区下寒武统龙王庙组储层受沉积环境控制，以先期保存的孔隙为基础，叠加了多期构造破裂-岩溶改造，形成的滩相白云岩溶蚀孔洞型储层。孔隙类型和孔隙演化也同时受到成岩史、构造运动史、烃类的生成、运移、聚集史的控制和影响。本书将龙王庙组储层孔隙的形成与演化划分为以下几个阶段(图 8-7)。

1)准同生期早期孔隙形成阶段

该阶段是指沉积物沉积期到浅埋藏阶段之前，包括同生期成岩环境和大气水成岩环境。沉积期，在浅水高能的台内粒屑滩环境中，颗粒分选磨圆好、淘洗干净，形成颗粒支撑格架，粒间孔隙发育良好，原始孔隙度可达 $50\%\sim60\%$(Ehrenberg，2006)。进入海底成岩环境后，发生以第一期方解石胶结作用为代表的成岩变化。纤状方解石胶结物围绕颗粒呈栉壳状环边，导致原生粒间孔迅速缩小。孔隙度降低到 20% 左右，此时孔隙类型以残余粒间孔为主。随着海平面的升降，颗粒岩可间歇性暴露至海平面之上接受大气淡水淋滤，形成粒内溶孔、铸模孔、粒间溶孔等，此过程中孔隙度提高至30%。

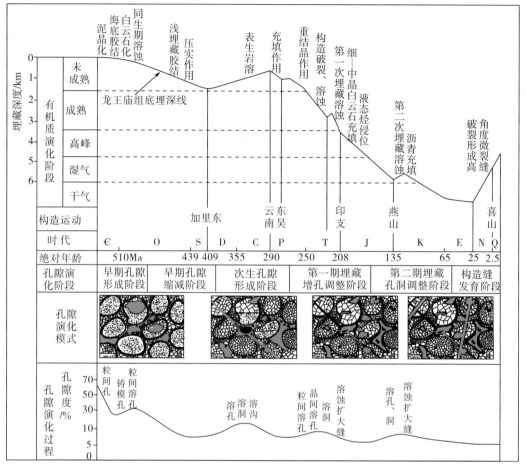

图 8-7　研究区下寒武统龙王庙组储层成因演化模式图

2）浅埋藏期早期孔隙缩减阶段

随着上覆沉积物逐渐增厚和沉积物逐渐脱离海水环境的影响，开始进入埋藏环境，至志留纪末期，龙王庙组储层达到第一次最大埋藏深度，根据志留系的区域厚度，推测埋深最大达到 1500 m。埋藏深度的增加，也使储层发生强烈的压实、压溶、胶结和重结晶等成岩作用，并伴随着储层孔隙度急剧降低，经过早成岩期压实作用导致储层孔隙度减少至8%。

3）表生期次生孔隙形成阶段

加里东晚幕运动，四川盆地开始整体抬升，区内地层遭受剥蚀，且暴露时间较长。在乐山—龙女寺古隆起的构造高部位，寒武系地层被抬升至地表遭受风化淋滤，发生广泛的表生期岩溶作用。龙王庙组地层在富含 CO_2 的大气淡水影响下，先前的构造裂缝被不断扩溶形成溶扩缝，并沿裂缝对基岩进行溶蚀，形成大量的溶沟和溶洞；同时沿白云岩中的晶间孔隙进行溶蚀，形成大量的晶间溶孔，使储层的孔隙度大量增加。该期岩溶作用强度极大，岩芯上观察到大量溶洞溶沟被充填殆尽；而龙王庙组发育良好的蜂窝状溶蚀孔洞尤其是顺层拉长状定向排列的孔洞则主要是来自古隆起构造剥蚀窗的大气淡水在压力作用下顺地层进行溶蚀形成的,因而外来物质极少,大部分顺层溶孔、洞未被充填。表生期顺层岩溶可增加龙王庙组储层孔隙度 10%~15%。

4) 第一期埋藏增孔阶段

早侏罗世前,地层埋藏深度达 2000~4000m,古地温为 100~200℃,Ro 值达 0.16%~1.3%,震旦系和下寒武统地层中的有机质进入成熟—成油高峰期,释放出腐蚀性地层水。一方面,部分岩石继续发生重结晶作用形成有效晶间孔;另一方面,腐蚀性地层水沿地层薄弱部位运移,并发生埋藏期的第一次大规模溶解作用,形成溶蚀孔、洞。同时,早印支运动在四川盆地内形成了北东向的泸州—开江古隆起,乐山—龙女寺古隆起的南部受到较大影响,并在龙王庙组碳酸盐岩地层中形成大量的构造裂缝,这些构造缝作为流体通道有助于溶蚀作用的进行,并形成溶蚀扩大缝及伴生的溶孔、溶洞。此后,地层水中有机酸浓度降低,并向碱性介质转变,导致早期次生孔隙中沉淀出细—粗粒白云石充填物,降低储集空间的发育。排烃过程中,油气在隆起高部位聚集成藏,形成原始古油藏,该油藏的范围可能遍布古隆起的核部。

(5) 第二期深埋藏次生孔隙调整和保存及构造缝发育阶段

至侏罗纪末期,随着埋深的继续增加,龙王庙组地层进入深埋藏阶段,埋深超过 4000m,古地温大于 165℃,Ro>1.1%,古油藏的液态烃开始发生裂解产生沥青充填部分孔隙,并伴随腐蚀性流体的形成。至喜山期前,龙王庙组碳酸盐岩储层的埋深逐渐加大,最深可达 6000m。早喜山期,四川盆地新一轮构造变动来临,它使震旦即至早第三世以来的沉积盖层全面褶皱,并使盆地内不同时期、不同地域的褶皱和断裂连成一体。此次构造运动不但使区内龙王庙组地层中产生大量的裂缝,也使印支期形成的古气藏圈闭受到破坏,油气发生再分配,天然气在新的有利位置发生再次聚集,形成新气藏。同时油气的再次运移也使酸性地层流体顺裂缝发生运移,并对周围基岩进行进一步溶蚀,即第二期埋藏有机酸溶蚀作用。该期溶蚀作用对龙王庙组储层孔隙进行调整和保存,使得储层有效孔隙度增加大约 7% 左右。

可以看出,川中地区龙王庙组储层为早期孔隙叠加多期岩溶改造形成的。原生粒间孔隙是龙王庙组储集空间的雏形;表生期岩溶作用是次生孔隙大量形成的关键;构造破裂-有机酸埋藏溶蚀对储层孔隙起到重要的优化调整作用,最终决定了现今储层的面貌。

参 考 文 献

拜文华, 吕锡敏, 李小军, 等. 2002. 古岩溶盆地岩溶作用模式及古地貌精细刻画—以鄂尔多斯盆地东部奥陶系风化壳为例[J]. 现代地质, 15(3)：292-298.

陈梦熊, 紀传豪, 孙昌仁. 1959. 中国自流盆地的类型划分及其分布(摘要)[J]. 水文地质工程地质, 3(7)：13-16.

陈学时, 易万霞, 卢文忠. 2004. 中国油气田古岩溶与油气储层[J]. 沉积学报, 22(2)：244-253.

戴弹申, 王兰生. 2000. 四川盆地碳酸盐岩缝洞系统形成条件[J]. 海相油气地质, 2(Z1)：89-97.

戴鸿鸣, 王顺玉, 王海清, 等. 1999. 四川盆地寒武系—震旦系含气系统成藏特征及有利勘探区块[J]. 石油勘探与开发, 26(5)：16-20.

党录瑞, 郑荣才, 郑超, 等. 2011. 川东地区长兴组白云岩储层成因与成岩系统[J]. 天然气工业, 31(11)：47-53.

丁熊, 陈景山, 谭秀成, 等. 2012. 川中—川南过渡带雷口坡组台内滩组合特征[J]. 石油勘探与开发, 39(4)：444-451.

杜金虎, 邹才能, 徐春春, 等. 2014. 川中古隆起龙王庙组特大型气田战略发现与理论技术创新[J]. 石油勘探与开发, 41(3)：268-277.

段永侯, 赵学悖. 1964. 准噶尔自流盆地的水文地质特征[J]. 地质学报, 44(1)：102-118.

范嘉松. 2005. 世界碳酸盐岩油气田的储层特征及其成藏的主要控制因素[J]. 地学前缘, 12(3)：23-30.

冯增昭, 彭勇民, 金振奎, 等. 2002. 中国早寒武世岩相古地理[J]. 古地理学报, 4(1)：1-12.

冯增昭. 2006. 冯增昭文集[M]. 北京：地质出版社.

郭彤楼. 2011. 元坝气田长兴组储层特征与形成主控因素研究[J]. 岩石学报, (8)：2381-2391.

郭泽清, 刘卫红, 钟建华, 等. 2005. 柴达木盆地跃进二号构造生物礁储层特征及其形成条件研究[J]. 地质论评, 51(6)：656-664.

郭正吾, 邓康龄, 韩永辉. 1996. 四川盆地形成与演化[M]. 北京：地质出版社.

胡海燕. 2004. 油气充注对成岩作用的影响[J]. 海相油气地质, 9(Z1)：85-89.

黄籍中, 陈盛吉, 宋家荣, 等. 1996. 四川盆地烃源体系与大中型气田形成[J]. 中国科学(D辑：地球科学), 26(6)：504-510.

黄思静, Qing H. R., 胡作维, 等. 2007. 四川盆地东北部三叠系飞仙关组碳酸盐岩成岩作用和白云岩成因的研究现状和存在问题[J]. 地球科学进展, 22(5)：495-503.

黄思静, 卿海若, 胡作维, 等. 2008. 川东三叠系飞仙关组碳酸盐岩的阴极发光特征与成岩作用[J]. 地球科学(中国地质大学学报), 51(1)：26-34.

黄思静. 1992. 碳酸盐矿物的阴极发光性与其Fe, Mn含量的关系[J]. 矿物岩石, 12(4)：74-79.

黄思静. 2010. 碳酸盐岩的成岩作用[M]. 北京：地质出版社.

黄文明, 刘树根, 张长俊, 等. 2009. 四川盆地寒武系储层特征及优质储层形成机理[J]. 石油与天然气地质, 30(5)：566-575.

贾振远, 蔡忠贤, 肖玉茹. 1995. 古风化壳是碳酸盐岩一个重要的储集层(体)类型[J]. 地球科学, 20(3)：283-289.

江怀友, 宋新民, 王元基, 等. 2008. 世界海相碳酸盐岩油气勘探开发现状与展望[J]. 海洋石油. (4)：6-13.

蒋志斌, 王兴志, 张帆, 等. 2008. 四川盆地北部长兴组-飞仙关组礁、滩分布及其控制因素[J]. 中国地质, 35(5)：940-950.

金民东, 曾伟, 谭秀成, 等. 2014. 四川磨溪—高石梯地区龙王庙组滩控岩溶型储集层特征及控制因素[J]. 石油勘探与开发, 41(6)：650-660.

金振奎, 邹元荣, 蒋春雷, 等. 2001. 大港探区奥陶系岩溶储层发育分布控制因素[J]. 沉积学报, 19(4)：530-535.

金之钧, 蔡立国. 2006. 中国海相油气勘探前景、主要问题与对策[J]. 石油与天然气地质, 27(6)：722-730.

金之钧. 2005. 中国海相碳酸盐岩层系油气勘探特殊性问题[J]. 地学前缘，12(3)：15-22.

李静，蔡廷永. 2007. 加快实现海相油气勘探新突破[J]. 中国石化报，005.

李凌，谭秀成，夏吉文，等. 2008. 海平面升降对威远寒武系滩相储层的影响[J]. 天然气工业，28(4)：19-21.

李凌，谭秀成，赵路子，等. 2013. 碳酸盐台地内部滩相薄储集层预测—以四川盆地威远地区寒武系洗象池群为例[J]. 石油勘探与开发，40(3)：334-340.

李天生. 1992. 四川盆地寒武系沉积成岩特征与油气储集性[J]. 矿物岩石，12(3)：66-73.

李伟，余华琪，邓鸿斌. 2012. 四川盆地中南部寒武系地层划分对比与沉积演化特征[J]. 石油勘探与开发，39(6)：681-690.

林忠民. 2002. 塔河油田奥陶系碳酸盐岩储层特征及成藏条件[J]. 石油学报，23(3)：23-26.

林忠民. 2002. 塔里木盆地塔河油田奥陶系大型油气藏形成条件[J]. 地质论评，48(4)：372-376.

刘迪. 2013. 塔里木盆地深层寒武系储层特征及形成机理研究[D]：成都理工大学.

刘宏，谭秀成，周彦，等. 2009. 川东北黄龙场气田飞仙关组台缘滩型碳酸盐岩储层预测[J]. 石油学报，30(2)：219-224.

刘树根，宋金民，赵异华，等. 2014. 四川盆地龙王庙组优质储层形成与分布的主控因素[J]. 成都理工大学学报(自然科学版)，41(6)：657-670.

刘树根，孙玮，李智武，等. 2008. 四川盆地晚白垩世以来的构造隆升作用与天然气成藏[J]. 天然气地球科学，19(3)：293-300.

刘树根，孙玮，罗志立，等. 2013. 兴凯地裂运动与四川盆地下组合油气勘探[J]. 成都理工大学学报(自然科学版)，40(5)：511-520.

卢衍豪，林焕令，周志毅，等. 1985. 中国的寒武—奥陶系界线及其附近的化石带[J]. 古生物学报，32(1)：5-17.

卢衍豪，朱兆玲，钱义元. 1965. 中国寒武纪岩相古地理轮廓初探[J]. 地质学报，39(4)：349-357.

罗平，张静，刘伟，等. 2008. 中国海相碳酸盐岩油气储层基本特征[J]. 地学前缘，15(1)：36-50.

马永生，蔡育勋，赵培荣，等. 2010. 深层超深层碳酸盐岩优质储层发育机理和"三元控储"模式—以四川普光气田为例[J]. 地质学报，84(8)：1087-1093.

马永生，郭旭升，郭彤楼，等. 2005. 四川盆地普光大型气田的发现与勘探启示[J]. 地质论评，51(4)：477-480.

马永生，牟传龙，郭旭升，等. 2006. 四川盆地东北部长兴期沉积特征与沉积格局[J]. 地质论评，52(1)：25-29.

孟祥化，葛铭. 2003. 中朝板块旋回层序、事件和形成演化[J]. 地质学报，77(3)：431.

强子同. 1998. 碳酸盐岩储层地质学[M]. 北京：石油大学出版社.

乔占峰，沈安江，张丽娟，等. 2012. 塔北南缘中奥陶统顺层岩溶储层特征及成因[J]. 海相油气地质，17(4)：27-33.

冉隆辉，谢姚祥，王兰生. 2006. 从四川盆地解读中国南方海相碳酸盐岩油气勘探[J]. 石油与天然气地质，27(3)：289-294.

任美锷，刘振中. 1983. 岩溶学导论[M]：北京：商务印书馆.

余敏，寿建峰，沈安江，等. 2014. 从表生到深埋藏环境下有机酸对碳酸盐岩溶蚀的实验模拟[J]. 地球化学，43(3)：276-286.

余敏，寿建峰，沈安江，等. 2014. 埋藏有机酸性流体对白云岩储层溶蚀作用的模拟实验[J]. 中国石油大学学报(自然科学版)，38(3)：10-17.

宋文海. 1996. 乐山—龙女寺古隆起大中型气田成藏条件研究[J]. 天然气工业，16(S1)：13-26.

孙启良，马玉波，赵强，等. 2008. 南海北部生物礁碳酸盐岩成岩作用差异及其影响因素研究[J]. 天然气地球科学，19(5)：665-672.

谭秀成，刘晓光，陈景山，等. 2009. 磨溪气田嘉二段陆表海碳酸盐岩台地内滩体发育规律[J]. 沉积学报，27(5)：995-1001.

谭秀成，聂勇，刘宏，等. 2011. 陆表海碳酸盐岩台地沉积期微地貌恢复方法研究—以四川盆地磨溪气田嘉二^{2}亚段A层为例[J]. 沉积学报，29(3)：486-494.

田艳红，刘树根，赵异华，等. 2014. 四川盆地中部龙王庙组储层成岩作用[J]. 成都理工大学学报(自然科学版)，

41(6)：671-683.

汪泽成，姜华，王铜山，等. 2014. 四川盆地桐湾期古地貌特征及成藏意义[J]. 石油勘探与开发，41(3)：305-312.

汪泽成，赵文智，胡素云，等. 2013. 我国海相碳酸盐岩大油气田油气藏类型及分布特征[J]. 石油与天然气地质，34(2)：153-160.

王大纯，张人权. 1986. 水文地质学基础[M]. 北京：地质出版社.

王恕一，蒋小琼，管宏林，等. 2010. 川东北普光气田鲕粒白云岩储层粒内溶孔的成因[J]. 沉积学报，28(1)：10-16.

王兴志，黄继祥，侯方浩，等. 1996. 四川资阳及邻区灯影组古岩溶特征与储集空间[J]. 矿物岩石，26(2)：47-54.

王兴志，张帆，马青，等. 2002. 四川盆地东部晚二叠世—早三叠世飞仙关期礁、滩特征与海平面变化[J]. 沉积学报，20(2)：249-254.

文龙，张奇，杨雨，等. 2012. 四川盆地长兴组—飞仙关组礁、滩分布的控制因素及有利勘探区带[J]. 天然气工业. 32(1)：39-44.

邬光辉，李启明，张宝收，等. 2005. 塔中Ⅰ号断裂坡折带构造特征及勘探领域[J]. 石油学报，26(1)：27-30.

夏吉文，李凌，罗冰，等. 2007. 川西南寒武系沉积体系分析[J]. 西南石油大学学报，29(4)：21-25.

肖长来，梁秀娟，王彪. 2010. 水文地质学[M]. 北京：清华大学出版社.

肖开华，沃玉进，周雁，等. 2006. 中国南方海相层系油气成藏特点与勘探方向[J]. 石油与天然气地质，27(3)：316-325.

肖玉茹，何峰煜，孙义梅. 2003. 古洞穴型碳酸盐岩储层特征研究—以塔河油田奥陶系古洞穴为例[J]. 石油与天然气地质，24(1)：75-80.

徐春春，沈平，杨跃明，等. 2014. 乐山—龙女寺古隆起震旦系—下寒武统龙王庙组天然气成藏条件与富集规律[J]. 天然气工业，34(3)：1-7

徐世琦. 1999. 加里东古隆起震旦—寒武系成藏条件[J]. 天然气工业，19(6)：7-10.

许海龙，魏国齐，贾承造，等. 2012. 乐山—龙女寺古隆起构造演化及对震旦系成藏的控制[J]. 石油勘探与开发，39(4)：406-416.

杨雪飞，王兴志，杨跃明，等. 2015. 川中地区下寒武统龙王庙组白云岩储层成岩作用[J]. 地质科技情报，34(1)：35-41.

姚根顺，周进高，邹伟宏，等. 2013. 四川盆地下寒武统龙王庙组颗粒滩特征及分布规律[J]. 海相油气地质，18(4)：1-7.

余志伟. 1999. 氧、碳同位素在白云岩成因研究中的应用[J]. 矿物岩石地球化学通报，18(2)：35-37.

袁道先. 1993. 中国岩溶学[M]. 北京：地质出版社.

袁玉松，孙冬胜，李双建，等. 2013. 四川盆地加里东期剥蚀量恢复[J]. 地质科学，48(3)：581-591.

张宝民，刘静江. 2009. 中国岩溶储集层分类与特征及相关的理论问题[J]. 石油勘探与开发，36(1)：12-29.

张兵. 2010. 川东—渝北地区长兴组礁滩相储层综合研究[D]. 成都理工大学博士论文.

张建勇，周进高，潘立银，等. 2013. 川东北地区孤立台地飞仙关组优质储层—大气淡水淋滤及渗透回流白云岩化[J]. 天然气地球科学，24(1)：9-18.

张抗. 2001. 塔河油田性质和塔里木碳酸盐岩油气勘探方向[J]. 石油学报，22(4)：1-6.

张满郎，谢增业，李熙喆，等. 2010. 四川盆地寒武纪岩相古地理特征[J]. 沉积学报，28(1)：128-139.

张廷山，陈晓慧，姜照勇，等. 2008. 泸州古隆起对贵州赤水地区早、中三叠世沉积环境和相带展布的控制[J]. 沉积学报，26(4)：583-592.

赵文智，沈安江，胡素云，等. 2012. 中国碳酸盐岩储集层大型化发育的地质条件与分布特征[J]. 石油勘探与开发，39(1)：1-12.

赵文智，沈安江，潘文庆，等. 2013. 碳酸盐岩岩溶储层类型研究及对勘探的指导意义—以塔里木盆地岩溶储层为例[J]. 岩石学报，29(9)：3213-3222.

赵文智，沈安江，周进高，等. 2014. 礁滩储集层类型、特征、成因及勘探意义—以塔里木和四川盆地为例[J]. 石油勘探与开发，41(3)：257-267.

赵彦彦，郑永飞. 2011. 碳酸盐沉积物的成岩作用[J]. 岩石学报，27(2)：501-519.

郑和荣，刘春燕，吴茂炳，等. 2009. 塔里木盆地奥陶系颗粒石灰岩埋藏溶蚀作用[J]. 石油学报，30(1)：9-15.

郑兴平，沈安江，寿建峰，等. 2009. 埋藏岩溶洞穴垮塌深度定量图版及其在碳酸盐岩缝洞型储层地质评价预测中的意义[J]. 海相油气地质，14(4)：55-59.

周进高，房超，季汉成，等. 2014. 四川盆地下寒武统龙王庙组颗粒滩发育规律[J]. 天然气工业，33(8)：27-36.

周进高，徐春春，姚根顺，等. 2015. 四川盆地下寒武统龙王庙组储集层形成与演化[J]. 石油勘探与开发，42(2)：1-9.

周彦，谭秀成，刘宏，等. 2007. 磨溪气田嘉二段鲕粒灰岩储层特征及成因机制[J]. 西南石油大学学报，29(4)：30-33.

周玉琦，易荣龙，舒文培. 2002. 中国石油与天然气资源[M]. 武汉：中国地质大学出版社.

朱传庆，田云涛，徐明，等. 2010. 峨眉山超级地幔柱对四川盆地烃源岩热演化的影响[J]. 地球物理学报，53(1)：119-127.

邹才能，杜金虎，徐春春，等. 2014. 四川盆地震旦系—寒武系特大型气田形成分布、资源潜力及勘探发现[J]. 石油勘探与开发，41(3)：278-293.

Adams J E，Rhodes M L. 1960. Dolomitization by seepage refluxion[J]. AAPG Bulletin，44(12)：1912-1920.

Allan J R，Wiggins W. 1993. Dolomite Reservoirs：Geochemical Techniques for Evaluating Origin and Distribution [M]. Amer Assn of Petroleum Geologists.

Badiozamani K. 1973. The Dorag dolomitization model—application to the Middle Ordovician of Wisconsin[J]. Journal of Sedimentary Research，43(4)：965-984

Barth T，Bjørlykke K. 1993. Organic acids from source rock maturation：generation potentials, transport mechanisms and relevance for mineral diagenesis[J]. Applied Geochemistry，8(4)：325-337.

Bergman K L，Westphal H，Janson X，et al. 2010. Controlling Parameters on Facies Geometries of the Bahamas，an Isolated Carbonate Platform Environment，Carbonate Depositional Systems：Assessing Dimensions and Controlling Parameters[M]. Springer：5-80.

Bjørlykke K. 1994. Fluid-flow processes and diagenesis in sedimentary basins[J]. Geological Society，London，Special Publications，78(1)：127-140.

Bjorlykke K. 2010. Petroleum Geoscience：From Sedimentary Environments to Rock Physics[M]. Springer Science & Business Media.

Brand U，Veizer J. 1980. Chemical diagenesis of a multicomponent carbonate system-1：Trace elements[J]. Journal of Sedimentary Research，50(4)：1219-1236.

Brand U，Veizer J. 1981. Chemical diagenesis of a multicomponent carbonate system-2：stable isotopes[J]. Journal of Sedimentary Research，51(3)：987-997.

Bruckschen P，Bruhn F，Meijer J，et al. 1995. Diagenetic alteration of calcitic fossil shells：Proton microprobe (PIXE) as a trace element tool[J]. Nuclear Instruments and Methods in Physics Research Section B：Beam Interactions with Materials and Atoms，104(1)：427-431.

Coniglio M，Zheng Q，Carter T R. 2003. Dolomitization and recrystallization of middle Silurian and platformal carbonates of the Guelph Formation，Michigan Basin，southwestern Ontario[J]. Bulletin of canadian petroleum geology，51(2)：177-199.

Davies G R，Smith Jr L B. 2006. Structurally controlled hydrothermal dolomite reservoir facies：An overview[J]. AAPG bulletin，90(11)：1641-1690.

Derry L A，Kaufman A J，Jacobsen S B. 1992. Sedimentary cycling and environmental change in the Late Proterozoic：evidence from stable and radiogenic isotopes[J]. Geochimica et Cosmochimica Acta，56(3)：1317-1329.

Derry L A，Keto L S，Jacobsen S B，et al. 1989. Sr isotopic variations in Upper Proterozoic carbonates from Svalbard and East Greenland[J]. Geochimica et Cosmochimica Acta，53(9)：2331-2339.

Duggan J P，Mountjoy E W，Stasiuk L D. 2001. Fault-controlled dolomitization at Swan Hills Simonette oil field (Devonian), deep basin west-central Alberta, Canada[J]. Sedimentology, 48(2): 301-323.

Ehrenberg S N, Walderhaug O, Bjorlykke K. 2012. Carbonate porosity creation by mesogenetic dissolution: Reality or illusion? [J]. AAPG bulletin, 96(2): 217-233.

Ehrenberg S. 2006. Porosity destruction in carbonate platforms[J]. Journal of Petroleum Geology.

Enos P, Sawatsky L. 1981. Pore networks in Holocene carbonate sediments[J]. Journal of Sedimentary Research, 51 (3): 961-985.

Eren M, KAPLAN M Y, Kadir S. 2007. Petrography, geochemistry and origin of Lower Liassic dolomites in the Aydıncık area, Mersin, southern Turkey[J]. Turkish Journal of Earth Sciences, 16(3): 339-362.

Esteban M, Klappa C F. 1983. Subaerial Exposure Environment, Carbonate Depositional Environments[M]. Tulsa: American Association of Petroleum Geologists, 33: 1-54.

Evans D G, Nunn J A. 1989. Free thermohaline convection in sediments surrounding a salt column[J]. Journal of Geophysical Research: Solid Earth, 94(B9): 12413-12422.

Fabricius I L. 2003. How burial diagenesis of chalk sediments controls sonic velocity and porosity[J]. AAPG bulletin, 87(11): 1755-1778.

Fritz R D, Wilson J L, Yurewicz D A. 1993. Paleokarst Related Hydrocarbon Reservoirs[M]. Tulsa: SEPM.

Garven G. 1995. Continental-scale groundwater flow and geologic processes[J]. Annual Review of Earth and Planetary Sciences, 23: 89-118.

Gieskes J M, Lawrence J R. 1981. Alteration of volcanic matter in deep sea sediments: evidence from the chemical composition of interstitial waters from deep sea drilling cores[J]. Geochimica et Cosmochimica Acta, 45(10): 1687-1703.

Hammes U, Kerans C, Lucia F. 1996. Development of a multiphase cave system: Ellenburger Formation, Lower Ordovician, West Texas[J]. Publications-West Texas Geological Society, 139-142.

Hammes U, Lucia F, Kerans C. 1996. Reservoir heterogeneity in karst-related reservoirs: lower Ordovician Ellenberger Group, Precambrian-Devonian geology of the Franklin Mountains, West Texas, -Analogs for exploration and production in Ordovician and Silurian karst reservoirs in the Permian Basin[J]. Annual West Texas Geology Society Field Trip (MIDLAND, TX), 99-116.

Handford C. 1995. Prediction of paleo-cave of reservoirs through seismic modeling of analogs[J]. AAPG International Conference (NICE, FRANCE, 9/10-13/95) PAP, AAPG Bulletin, 79(8): 1220.

Hollis C. 2011. Diagenetic controls on reservoir properties of carbonate successions within the Albian-Turonian of the Arabian Plate[J]. Petroleum Geoscience, 17(3): 223-241.

HSÜ K J, Siegenthaler C. 1969. Preliminary experiments on hydrodynamic movement induced by evaporation and their bearing on the dolomite problem[J]. Sedimentology, 12(1-2): 11-25.

Husinec A, Jelaska V. 2006. Relative sea-level changes recorded on an isolated carbonate platform: Tithonian to Cenomanian succession, southern Croatia[J]. Journal of Sedimentary Research, 76(10): 1120-1136.

Illing, L. V. Deposition and Diagenesis of Some Upper Palaeozoic Carbonate Sediments in Western Canada[C]. 5th World Petroleum Congress.

James N P, Choquette P W. 1983. Diagenesis 6. Limestones-the sea floor diagenetic environment[J]. Geoscience Canada, 10(4).

James N P, Choquette P W. 1988. Paleokarst[M]. New York: Springer Verlag.

Jardine D and Wilshart J W. Carbonate reservoir description[J]. Society of Petroleum Engineers, 1982. doi: 10. 2118/10010-MS.

Kaufman A J, Knoll A H, Narbonne G M. 1997. Isotopes, ice ages, and terminal Proterozoic earth history[J]. Proceedings of the National Academy of Sciences, 94(13): 6600-6605.

Kaufman A J, Knoll A H. 1995. Neoproterozoic variations in the C-isotopic composition of seawater: stratigraphic and biogeochemical implications[J]. Precambrian Research, 73(1): 27-49.

Keith M L, Weber J N. 1964. Carbon and oxygen isotopic composition of selected limestones and fossils[J]. Geochimica et Cosmochimica ACTA, 28(10-11): 1787-1816.

Kerans C. 1988. Karst-controlled reservoir heterogeneity in Ellenburger Group carbonates of west Texas[J]. AAPG bulletin, 72(10): 1160-1183.

Kirkland D W, Evans R. 1981. Source-rock potential of evaporitic environment [J]. AAPG Bulletin, 65 (2): 181-190.

Land L S. 1985. The origin of massive dolomite[J]. Journal of Geological Education, 33(2): 112-125.

Li Z, Goldstein R H, Franseen E K. 2013. Ascending freshwater – mesohaline mixing: A new scenario for dolomitization[J]. Journal of Sedimentary Research, 83(3): 277-283.

Li Z, Goldstein R H, Franseen E K. 2015. Geochemical record of fluid flow and dolomitization of carbonate platforms: ascending freshwater – mesohaline mixing, Miocene of Spain[J]. Geological Society, London, Special Publications, 406(1): 115-140.

Longman M W. 1980. Carbonate diagenetic textures from nearsurface diagenetic environments[J]. AAPG Bulletin, 64(4): 461-487.

Loucks R G, Handford C R. 1996. Origin and recognition of fractures, breccias and sediment fills in paleocave-reservoir networks[J]. Publications- west Texas geological society, 207-220.

Loucks R G. 1999. Paleocave carbonate reservoirs: origins, burial-depth modifications, spatial complexity, and reservoir implications[J]. AAPG bulletin, 83(11): 1795-1834.

Lucia F. 1967. Sedimentation-reflux dolomitization cycle[abs.][J]. Geol. Soc. America Program Ann. Mtg., New Orleans, Louisiana, 134-135.

Machel H G. 2004. Concepts and models of dolomitization: a critical reappraisal[J]. Geological Society, London, Special Publications, 235(1): 7-63.

Machel H-G. 1987. Saddle dolomite as a by-product of chemical compaction and thermochemical sulfate reduction[J]. Geology, 15(10): 936-940.

Major R, Lloyd R M, Lucia F J. 1992. Oxygen isotope composition of Holocene dolomite formed in a humid hypersaline setting[J]. Geology, 20(7): 586-588.

Mazzullo S, Harris P. 1992. Mesogenetic dissolution: its role in porosity development in carbonate reservoirs (1)[J]. AAPG bulletin, 76(5): 607-620.

Mazzullo S. 2004. Overview of porosity evolution in carbonate reservoirs[J]. Kansas Geological Society Bulletin, 79 (1/2): 20-28.

McKenzie J A. 1980. Movement of Subsurface Waters Under the Sabkha Abu Dhabi, UAE, and its Relation to Evaporative Dolomite Genesis[J]. Special publication of SEPM, 28: 11-30.

McMechan G A, Loucks R G, Zeng X, et al. 1998. Ground penetrating radar imaging of a collapsed paleocave system in the Ellenburger dolomite, central Texas[J]. Journal of Applied Geophysics, 39(1): 1-10.

Melim L A, Scholle P A. 2002. Dolomitization of the Capitan Formation forereef facies (Permian, west Texas and New Mexico): seepage reflux revisited[J]. Sedimentology, 49(6): 1207-1227.

Moore C H. 1989. Carbonate Diagenesis and Porosity[M]. Elsevier.

Moore C H. 2001. Carbonate reservoirs: Porosity Evolution and Diagenesis in a Sequence Stratigraphic Framework [M]. Elsevier.

Moore T S, Murray R, Kurtz A, et al. 2004. Anaerobic methane oxidation and the formation of dolomite[J]. Earth and Planetary Science Letters, 229(1): 141-154.

Morrow D W. 1988. Experimental investigation of sulfate inhibition of dolomite and its mineral analogues[J]. Special publication of SEPM.

Oliver J. 1986. Fluids expelled tectonically from orogenic belts: their role in hydrocarbon migration and other geologic phenomena[J]. Geology, 14(2): 99-102.

Potma K，Wong P K，Weissenberger J A，et al. 2001. Toward a sequence stratigraphic framework for the Frasnian of the Western Canada Basin[J]. Bulletin of Canadian Petroleum Geology，49(1)：37-85.

Purser B，Tucker M，Zenger D. 1994. Problems，progress and future research concerning dolomites and dolomitization[J]. Dolomites：A volume in honour of Dolomieu，3-20.

Qing H R，Bosence D W J，Rose E P F. 2001. Dolomitization by penesaline sea water in Early Jurassic pertidal platform carbonates，Gibraltar，western Mediterranean[J]. Sedimentology，48(1)：153-163.

Qing H，Mountjoy E W. 1994. Formation of coarsely crystalline，hydrothermal dolomite reservoirs in the Presqu'ile barrier，Western Canada Sedimentary Basin[J]. AAPG bulletin，78(1)：55-77.

Qing H. 1998. Petrography and geochemistry of early-stage，fine- and medium-crystalline dolomites in the Middle Devonian Presqu'ile Barrier at Pine Point，Canada[J]. Sedimentology，45(2)：433-446.

Rameil N. 2008. Early diagenetic dolomitization and dedolomitization of Late Jurassic and earliest Cretaceous platform carbonates：a case study from the Jura Mountains (NW Switzerland，E France)[J]. Sedimentary Geology，212(1)：70-85.

Reeder S L，Rankey E C. 2008. Interactions between tidal flows and ooid shoals，northern Bahamas[J]. Journal of Sedimentary Research，78(3)：175-186.

Blomeier D P and Reijmer J J. Facies architecture of an Early Jurassic carbonate platform slope(Jbel Bou Dahar，High Atlas，Morocco)[J]. Journal of Sedimentary Research，2002，72 (4)：462-475.

Riding R. 2002. Structure and composition of organic reefs and carbonate mud mounds：concepts and categories[J]. Earth-Science Reviews，58(1)：163-231.

Roehl P O，Choquette P W. 1985. Carbonate Petroleum Reservoirs[M]. New York：Springer Verlag，1-15.

Roehl P O. 1967. Stony Mountain (Ordovician) and Interlake (Silurian) facies analogs of recent low-energy marine and subaerial carbonates，Bahamas[J]. AAPG Bulletin，51(10)：1979-2032.

Romanek C S，Grossman E L，Morse J W. 1992. Carbon isotopic fractionation in synthetic aragonite and calcite：effects of temperature and precipitation rate[J]. Geochimica et Cosmochimica Acta，56(1)：419-430.

Ronchi P，Ortenzi A，Borromeo O，et al. 2010. Depositional setting and diagenetic processes and their impact on the reservoir quality in the late Visean – Bashkirian Kashagan carbonate platform (Pre-Caspian Basin，Kazakhstan)[J]. AAPG bulletin，94(9)：1313-1348.

Rousseau M，Dromart G，Garcia J-P，et al. 2005. Jurassic evolution of the Arabian carbonate platform edge in the central Oman Mountains[J]. Journal of the Geological Society，162(2)：349-362.

Schmoker J W，Halley R B. 1982. Carbonate porosity versus depth：a predictable relation for south Florida[J]. AAPG Bulletin，66(12)：2561-2570.

Shields M J，Brady P V. 1995. Mass balance and fluid flow constraints on regional-scale dolomitization，Late Devonian，Western Canada Sedimentary Basin[J]. Bulletin of Canadian Petroleum Geology，43(4)：371-392.

Shinn E A，Robbin D M. 1983. Mechanical and chemical compaction in fine-grained shallow-water limestones[J]. Journal of Sedimentary Research，53(2)：595-618

Simms M. 1984. Dolomitization by Groundwater-Flow System in Carbonate Platforms[J]. Gulf Coast Association of Geological Societies Transactions，34：411-420

Sun S Q. 1994. A Reappraisal of Dolomite Abundance and Occurrence in the Phanerozoic：PERSPECTIVE[J]. Journal of Sedimentary Research，64(2)：396-404

Sun S Q. 1995. Dolomite reservoirs：porosity evolution and reservoir characteristics[J]. AAPG bulletin，79(2)：186-204.

Tucher M E. 1982. Precambrian dolomites：petrographic and isotopic evidence that they differ from Phanerozoic dolomites[J]. Geology，10(1)：7-12.

Veizer J，Bruckschen P，Pawellek F，et al. 1997. Oxygen isotope evolution of Phanerozoic seawater[J]. Palaeogeography，Palaeoclimatology，Palaeoecology，132(1)：159-172.

Veizer J. 1983. Chemical diagenesis of carbonates: theory and application of trace element technique[J]. Special publication of SEPM, 6-82.

Veizer J. 1983. Trace elements and isotopes in sedimentary carbonates[J]. Reviews in Mineralogy and Geochemistry, 11(1): 265-299.

Vinopal R J, Coogan A H. 1978. Effect of particle shape on the packing of carbonate sands and gravels[J]. Journal of Sedimentary Research, 48(1): 7-24.

Walkden G M. 1974. Palaeokarstic surfaces in upper Visean (Carboniferous) limestones of the Derbyshire Block, England[J]. Journal of Sedimentary Research, 44(4): 1232-1247.

Wannier M. 2009. Carbonate platforms in wedge-top basins: an example from the Gunung Mulu National Park, Northern Sarawak (Malaysia)[J]. Marine and Petroleum Geology, 26(2): 177-207.

Ward R F, Kendall C G S C, Harris P M. 1986. Upper Permian (Guadalupian) facies and their association with hydrocarbons--Permian basin, west Texas and New Mexico[J]. AAPG Bulletin, 70(3): 239-262.

Warren J. 2000. Dolomite: occurrence, evolution and economically important associations[J]. Earth-Science Reviews, 52(1): 1-81.

Wierzbicki R, Dravis J J, AI-Aasm I. 2006. Burial dolomitization and dissolution of Upper Jurassic Abenaki platform carbonates, Deep Panuke reservoir, Nova Scotia, Canada[J]. AAPG Bulettin, 90(11): 1843-1861.

Wilson A O. 1985. Depositional and Diagenetic Facies in the Jurassic Arab-C and-D reservoirs, Qatif Field, Saudi Arabia, Carbonate Petroleum Reservoirs[M]. Springer: 319-340.

Yang X, Wang X, Tang H, et al. 2014. The Early Hercynian paleo-karstification in the Block 12 of Tahe oilfield, northern Tarim Basin, China[J]. Carbonates and evaporites, 29(3): 251-261.

Zengler D, Dunham J, Ethington R L. 1980. Concepts and Models of Dolomitization[M]. Tulsa: Society of Economic Paleontologists and Mineralogists.